高职高专土建类系列教材
"互联网+"创新系列教材

建筑设备与识图

主　编　周昀
副主编　陈飞　马挺　张杭丽　殷芳芳　胡晓磬
参　编　施征　王邓红　刘昊

北京航空航天大学出版社

内容简介

本书主要内容包括建筑给水系统、建筑排水系统、建筑消防给水系统、建筑通风空调系统、建筑电气系统等相关知识。

本书可作为高职高专、成人高校及继续教育等建筑工程技术、建筑设备、工程造价、工程监理、建筑装饰工程技术等专业的教材,也可作为建筑经济管理、物业管理等专业参考资料使用。

图书在版编目(CIP)数据

建筑设备与识图 / 周昀主编. -- 北京:北京航空航天大学出版社,2023.6
 ISBN 978-7-5124-4006-7

Ⅰ.①建… Ⅱ.①周… Ⅲ.①房屋建筑设备－建筑安装－高等职业教育－教材②房屋建筑设备－建筑安装－建筑制图－识图－高等职业教育－教材 Ⅳ.①TU8

中国国家版本馆 CIP 数据核字(2023)第 013234 号

版权所有,侵权必究。

建筑设备与识图

主 编 周昀

副主编 陈飞 马挺 张杭丽 殷芳芳 胡晓磬

参 编 施征 王邓红 刘昊

责任编辑 杨晓方

*

北京航空航天大学出版社出版发行

北京市海淀区学院路 37 号(邮编 100191) http://www.buaapress.com.cn
发行部电话:(010)82317024 传真:(010)82328026
读者信箱:copyrights@buaacm.com.cn 邮购电话:(010)82316936
艺堂印刷(天津)有限公司印装 各地书店经销

*

开本:710×1 000 1/16 印张:14 字数:298 千字
2023 年 6 月第 1 版 2023 年 6 月第 1 次印刷
ISBN 978-7-5124-4006-7 定价:59.00 元

若本书有倒页、脱页、缺页等印装质量问题,请与本社发行部联系调换。联系电话:(010)82317024

前　言

当前,我国建筑业改革发展主要包括三条主线:一是建筑业深化改革主线;二是建筑业转型升级主线,即以绿色发展为核心,全面深入地推动绿色建筑、装配式建筑、超低能耗建筑发展,以及推广绿色施工、海绵城市、综合管廊的实践等;三是建筑业科技跨越主线,其核心是数字技术对建筑业发展的深刻影响。党的二十大提出"教育、科技、人才是全面建设社会主义现代化国家的基础性、战略性支撑,要深入实施科教兴国战略、人才强国战略、创新驱动发展战略,开辟发展新领域、新赛道,不断塑造发展新动能、新优势。"本书以目前国家战略发展及建筑改革发展背景作为基础,结合工程实际,引入BIM智能技术,采用"任务驱动、项目导向"的模式编写,书中配以大量插图,直观易懂,非常有助于读者对知识的掌握以及实际操作能力的培养,实用且针对性好。

本教材以纸质书为主,数字化资源为辅,具体内容特点如下:

1. 强调安装专业理论和软件实操的结合,采用"做中学"的模式,使读者在完成项目的过程中掌握相关知识点,使学习更有代入感。

2. 基于"互联网+"理念编写,配套精品在线课程资源包括教学视频、配套素材、题库、实习项目练习资料等,以方便教师备课及教学。另外,读者可通过线上视频进行测验和考试等。

本书紧跟目前建筑行业技术发展趋势,既满足建筑领域实现技术创新、转型升级的要求,又符合建筑工程领域安装技术人才培养的需要。

读者可以扫描下面二维码获取电子资料包。

由于编者水平有限,书中难免有不足之处,真诚希望请广大读者批评指正,相关应用问题可反馈至sxjh@live.cn。

编　者
2023年1月

目 录

第1章 建筑给水系统 … 1
1.1 基础知识 … 1
1.1.1 建筑给水系统分类 … 1
1.1.2 建筑给水系统组成 … 2
1.1.3 给水系统压力及给水方式 … 4
1.1.4 给水管材与附件 … 7
1.1.5 升压与储水设备 … 16
1.1.6 水 表 … 18
1.2 给水系统安装 … 19
1.2.1 给水管道的敷设要求 … 19
1.2.2 给水管道的安装 … 22
1.2.3 给水管道的试压与清洗 … 25
1.3 给水系统识图及BIM建模 … 27
1.3.1 给水系统图识读 … 27
1.3.2 给水系统BIM建模 … 32

第2章 建筑排水系统 … 44
2.1 基础知识 … 44
2.1.1 建筑排水系统的分类 … 44
2.1.2 排水体制 … 44
2.1.3 排水系统的组成 … 45
2.1.4 卫生器具 … 46
2.1.5 建筑排水管材与附件 … 52
2.1.6 通气系统 … 55
2.1.7 污、废水的局部处理与提升 … 56

2.2 排水系统安装 ………………………………………………………………… 60
2.2.1 排水管道的敷设要求 ……………………………………………………… 60
2.2.2 排水管道的安装 ……………………………………………………………… 62
2.2.3 排水管道的通球试验和灌水试验 …………………………………………… 66
2.3 排水系统图识读及 BIM 建模 …………………………………………………… 66
2.3.1 排水系统图识读 ……………………………………………………………… 66
2.3.2 废水系统 BIM 建模 ………………………………………………………… 67
2.3.3 污水系统 BIM 建模 ………………………………………………………… 74

第 3 章 建筑消防给水系统 ……………………………………………………………… 86
3.1 基础知识 ……………………………………………………………………………… 86
3.1.1 建筑内部消防给水系统的分类 ……………………………………………… 86
3.1.2 消火栓给水系统的组成与给水方式 ………………………………………… 87
3.1.3 消防加压、蓄水设施和稳压设备 …………………………………………… 89
3.2 消防给水设备安装 …………………………………………………………………… 95
3.2.1 消防给水系统安装工艺流程 ………………………………………………… 95
3.2.2 消防给水系统设备要求 ……………………………………………………… 95
3.2.3 消防给水系统质量要求 ……………………………………………………… 95
3.3 消火栓给水系统图识读及 BIM 建模 ……………………………………………… 97
3.3.1 消火栓系统图识读 …………………………………………………………… 97
3.3.2 消火栓给水系统 BIM 建模 ………………………………………………… 99

第 4 章 建筑通风空调系统 ……………………………………………………………… 112
4.1 基础知识 ……………………………………………………………………………… 112
4.1.1 建筑通风系统 ………………………………………………………………… 112
4.1.2 建筑空调系统 ………………………………………………………………… 124
4.2 通风空调系统安装 …………………………………………………………………… 129
4.2.1 通风空调管道的安装 ………………………………………………………… 129
4.2.2 通风阀部件及消声器制作与安装 …………………………………………… 134
4.2.3 通风、空调系统常用设备安装 ……………………………………………… 136
4.3 通风空调系统图识读及 BIM 建模 ………………………………………………… 143
4.3.1 通风空调系统图识读 ………………………………………………………… 143
4.3.2 通风空调系统 BIM 建模 …………………………………………………… 155

第5章 建筑电气系统 … 169

5.1 电气系统基础知识 … 169
- 5.1.1 电力系统介绍 … 169
- 5.1.2 电气照明工程 … 171
- 5.1.3 建筑电气管材、电线、电缆、灯具材料知识 … 173

5.2 建筑电气系统安装 … 183
- 5.2.1 配线工程的安装 … 183
- 5.2.2 电气照明动力工程的安装 … 187
- 5.2.3 建筑防雷与接地装置的安装 … 195

5.3 建筑电气系统图识读及BIM建模 … 198
- 5.3.1 建筑电气系统图识读 … 198
- 5.3.2 电缆桥架BIM建模 … 207

参考文献 … 213

第1章 建筑给水系统

1.1 基础知识

1.1.1 建筑给水系统分类

建筑给水系统按其用途可分为三类,见表1-1。

表1-1 建筑给水系统分类

系统名称	给水系统定义	给水系统要求
生活给水系统	供民用、工业建筑中饮用、烹调、盥洗、洗涤、淋浴等生活用水的系统	水量、水压应满足用户需要,水质应符合国家现行《生活饮用水水质标准》(GB 5749—2022)
生产给水系统	供工业产品制造过程中冷却、原料、产品、洗涤和其他用水的系统	根据生产工艺和产品的不同,对水压、水量、水质的要求各不相同
消防给水系统	供民用、工业建筑中的各种消防设备用水的系统	要保证充足的水量、水压,水质要求不高

1. 生活给水系统

生活给水系统指供人们在工业与民用建筑内饮用、烹饪、盥洗、洗涤、沐浴等日常生活用水的给水系统,包括冷水、热水系统等。其水量应满足用水点的要求,水质应符合国家现行《生活饮用水卫生标准》(GB 5749—2022)要求。

2. 生产给水系统

生产给水系统指供各类产品生产过程中所需的设备冷却,原料、产品洗涤及锅炉等生产用水的系统,其供水水质、水量、水压及安全方面的要求由产品及生产工艺要求确定。

3. 消防给水系统

消防给水系统指供工业与民用建筑内消防用水的给水系统,包括消火栓、自喷系统。消防用水水量、水压必须满足《建筑设计防火规范》(GB 50016—2018)的要求,但对水质要求不高。

上述三类基本给水系统可以根据用户对水质、水量、水压等要求,结合室外给水系统的实际情况,经技术经济比较,组合成不同的共用系统,如生活、生产共用给水系统,生活、消防共用给水系统;生活、生产、消防共用给水系统等。

1.1.2 建筑给水系统组成

建筑给水系统由下列各部分组成,如图1-1所示。

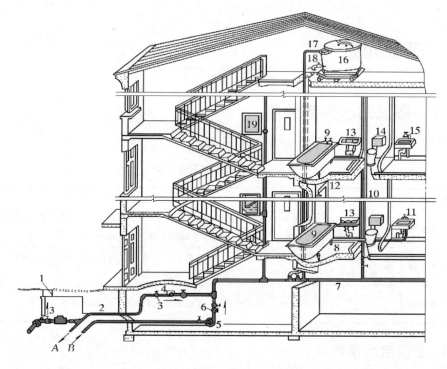

1—阀门井;2—引入管;3—闸阀;4—水表;5—水泵;6—止回阀;7—干管;8—支管;9—浴盆;10—立管;
11—水龙头;12—淋浴器;13—洗脸盆;14—大便器;15—洗涤盆;16—水箱;17—进水管;18—出水管;
19—消火栓;A—接入贮水池;B—接自贮水池

图1-1 建筑给水系统

1. 水 源

建筑给水系统水源主要指市政给水管网或自备水源。民用建筑的水源一般以城镇市政管网提供的自来水为首选,当采用自备水源供水时,生活用水水质须符合《生活饮用水卫生标准》(GB 5749—2022)的要求。

2. 引入管

引入管是指室外给水管网与建筑内部给水管网之间的连接管段,又称进户管。其作用是将水接入建筑内部。

3. 水表节点

水表节点指为计量建筑用水量或住宅单元、单户用水量安装的水表以及水表前后的阀门和泄水装置等,如图 1-2 所示。

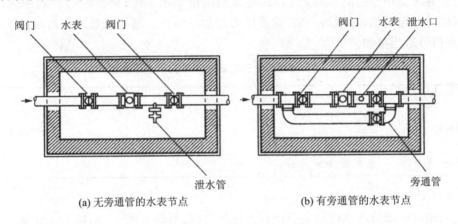

图 1-2　水表节点

4. 给水管网

给水管网指建筑内部给水水平干管、立管和支管等。

5. 给水附件

给水附件指给水管路上的控制附件(各类阀门)、配水附件(各式龙头)、各种仪表等。

6. 增压蓄水设施

增压蓄水设施指为解决室外给水管网水量、水压不足或为保证建筑内部供水安全性、水压稳定性而设置的各种附属增压和蓄水设备,如水泵、无负压给水装置、气压给水装置、变频调速给水装置、蓄水池、水箱等。

7. 给水系统局部处理设施

给水系统局部处理设施指二次给水深度处理设施,是当建筑物内部给水水质要求超出我国现行《生活饮用水卫生标准》时,为防止水质恶化设置的水处理设备,如存水时间长的生活水池、游泳池及冷却塔循环水处理设备等。

1.1.3 给水系统压力及给水方式

1. 给水系统所需压力

给水系统所需的压力(也叫工作压力),是保证建筑内部给水系统正常工作的最小给水压力值,单位为 kPa、mH_2O。

建筑给水所需工作压力的确定方法有两种:

(1)估算法

估算法适用于层高≤3.5 m 民用建筑的生活给水系统,见表 1-2。表中三层及三层以上的建筑物,每增加一层,估算压力增加 40 kPa。管道较长或层高超过 3.5 m时,数值可适当增加。

表 1-2 按建筑物层数确定所需的最小压力值

建筑楼层	一层	二层	三层	四层	五层	六层
估算压力/kPa	100	120	160	200	240	280
备注:每增加一层,估算压力增加 40 kPa						

(2)计算法

当建筑内部给水系统须准确计算工作压力时,可参考图 1-3,按下式计算。

$$H = H_1 + H_2 + H_3 + H_4$$

式中:H——建筑给水系统所需的工作压力,kPa;

H_1——引入管与最不利用水点(一般是最高且最远点)之间的静压差,kPa;

H_2——计算管路的水头损失之和,kPa;

H_3——水流通过水表的压力损失,kPa;

H_4——为保证配水流量,所需的最小压力,kPa。

2. 给水方式

给水方式指建筑内部给水系统的组成以及管道、设备布置方案。给水方式的选择取决于建筑物的功能性质、高度,室外管网提供的水量、水压以及室内管网所需的水量、水压和用水点的分布等因素。建筑物内部最基本的给水方式有以下几种:

(1)直接给水方式

直接给水方式指直接把室外市政给水管网的水引到建筑内部各用水点的给水方式,如图 1-4 所示。这种方式适用于室外市政给水管网(或小区管网)提供的水量、水压,在任何时候都能满足建筑内部用水要求的单层、多层建筑和高层建筑中的下部楼层给水系统。

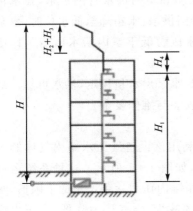

图1-3 建筑给水系统所需水压

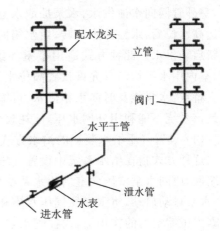

图1-4 直接给水方式

特点:供水方式简单,造价低,维修管理容易,能充分利用外网水压节省能耗。缺点是建筑内部无储备水量,一旦外网停水,内部立即断水,供水可靠性不高。

(2) 单设水箱的给水方式

单设水箱的给水方式指给水系统内仅设置高位水箱的给水方式,如图1-5所示。用水低谷时,室外给水管网直接向室内给水系统和水箱供水;用水高峰时,由水箱向室内给水系统供水。该给水方式适用于室外给水管网的供水压力易出现周期性不足,或者建筑内部要求贮存水量、稳定水压的多层建筑。

特点:室外给水管网水压偏高或不稳定时,可保证室内给水系统的良好工况或满足稳压供水的要求,缺点是室外管网直接将水输入水箱,由水箱向建筑内部给水系统供水。

(3) 设置贮水池、水泵及水箱的给水方式

设置贮水池、水泵及水箱联合向室内给水系统供水的方式如图1-6所示。工作

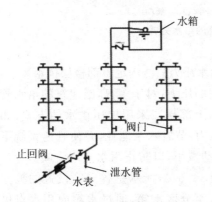

图1-5 单设水箱的给水方式

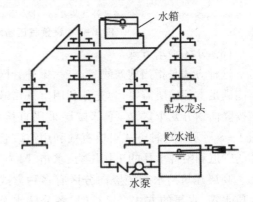

图1-6 设贮水池、水泵和水箱的给水方式

时,室外管网向水池供水,水泵抽取水池中的水向水箱和室内供水管网供水,在水箱到达高水位后,水泵停止运转,由水箱向室内用水管网供水;水箱降至低水位时,水泵重新启动供水。此种方式适用于室外给水管网供水压力低于室内给水所需工作压力、室内用水不均匀且允许设置高位水箱的建筑。

特点:水泵能及时向水箱供水,可缩小水箱容积;水泵出水量稳定,供水可靠。缺点是该系统不能利用外网水压,能耗较大,造价高,安装与维修复杂。

(4) 设置气压给水装置的给水方式

这种方式指在给水系统中设置气压给水设备,利用该设备气压水罐内气体的可压缩性,协同水泵增压向室内给水系统供水的方式,如图1-7所示。这种系统运行时,水泵自动启动,将水送往气压水罐和配水点,直至罐内压力达到设定的上限值,水在罐内压缩空气的作用下,送往配水点。随着水量的减少,空气压力降低,当压力降到供水系统所需的工作压力时(气压水罐的压力下限值),水泵再次启动,如此往复循环。这种方式适用于室外给水管网压力低于室内给水系统所需工作压力、不宜设置高位水箱的建筑。在生活给水系统中,一般采用气压水罐协同变频水泵工作。

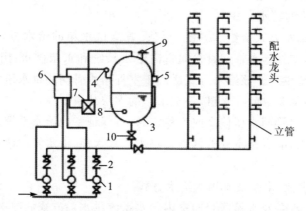

1—水泵;2—止回阀;3—气压水罐;4—压力信号器;5—液位信号器;6—控制器;
7—补气装置;8—排气阀;9—安全阀;10—阀门

图1-7 设置气压给水装置的给水方式

(5) 分区给水方式

这种方式是指当建筑物较高时,室外管网的给水压力只能满足下部楼层供水要求,不能满足上部楼层需要,为充分利用室外市政管网的压力,对于多、高层建筑的给水管网按竖向划分几个区域,下部楼层采用直接供水,上部楼层采用加压供水的方式,如图1-8所示。这种方式可以有效利用市政管网压力,节省水泵能耗,并使管道系统下部的管道和附件承受的工作压力、水击、噪声与振动减小,以防止用水点水流喷溅。

高层建筑给水系统竖向分区有多种方式。图1-9(a)所示是各分区设置的独立高位水箱、水泵的方式。运行时,各分区水泵供水至分区水箱,通过水箱向用水点供水。图1-9(b)、图1-9(c)所示为各分区单独设置水泵或气压给水装置,其通过调

第1章　建筑给水系统

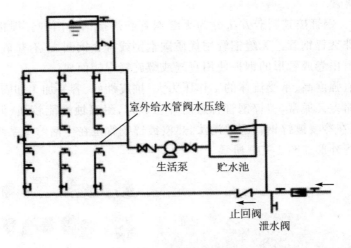

图 1-8　分区给水方式

节水池抽水,升压供水至用水点。在分区给水系统中,因为高、中区的水泵扬程高,对给水管材、附件的承压和接口的严密性要求也相应提高。

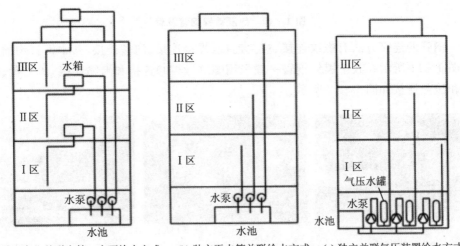

(a) 独立高位并联水箱、水泵给水方式　　(b) 独立无水箱并联给水方式　　(c) 独立并联气压装置给水方式

图 1-9　竖向分区给水方式

1.1.4　给水管材与附件

1. 给水管材及连接方式

建筑内部给水工程常用的管材按照材质可分为金属管、塑料管和复合管三大类。

(1) 金属管

1) 钢管。钢管按其制造方法分为无缝钢管和焊接钢管两种。焊接钢管又分为镀锌钢管和非镀锌钢管。无缝钢管用优质碳素钢或合金钢制成,有热轧、冷轧(拔)之分。焊接钢管由卷成管形的钢板使用直缝或螺旋缝焊接而成。

钢管具有强度高、承受流体的工作压力大、抗震性好、容易加工和安装等优点,但耐腐蚀性能略差。通常,镀锌钢管管道内外会镀锌,耐腐蚀性能较强,但对水质有影响。因此,现在冷浸镀锌钢管已被淘汰,热浸镀锌钢管也在生活给水系统中被限制使用。镀锌钢管外形如图1-10所示。

图1-10 热浸镀锌钢管及管件

钢管的连接方法有螺纹连接、法兰连接、焊接连接、沟槽连接,其中钢管沟槽连接如图1-11所示。其中镀锌钢管一般采用螺纹(丝扣)连接和卡箍连接,法兰盘、法兰垫和法兰连接如图1-12所示。

图1-11 钢管沟槽连接

2) 薄壁不锈钢管。国内薄壁不锈钢管是20世纪90年代末才问世的新型管材。

图1-12　法兰盘、法兰垫和法兰连接

薄壁不锈钢管具有安全卫生、强度高、耐腐蚀、坚固耐用、寿命长、免维护、美观等特点，适用于建筑内部的饮用净水、生活饮用水、医用气体、热水等的管道。薄壁不锈钢管所用的焊接或卡套式连接，其外形及管件如图1-13所示。

图1-13　薄壁不锈钢管及管件

3）铜管。铜管又称为紫铜管，属于有色金属管，是经过压制和拉制的无缝管。铜管具备坚固、耐腐蚀的特性，因而成为现代住宅商品房安装的自来水管道，供热、制冷管道的首选管件。其实铜管是最佳供水管道，但因其造价相对较高，目前在高级住宅、豪华别墅中使用较多。铜管一般采用焊接、螺纹、卡压连接，铜管及管件外形如图1-14所示。

图1-14　铜管及管件

（2）塑料管

塑料管具有质量轻、耐腐蚀、外形美观、无不良气味、加工容易、施工方便等特点，在建筑工程中应用广泛。常用塑料给水管和连接管件如图 1-15 所示，其物理性能、连接方式见表 1-3。

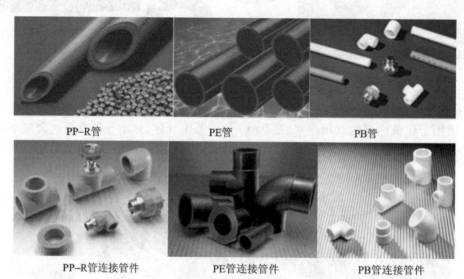

PP-R 管　　　　　PE 管　　　　　PB 管

PP-R 管连接管件　　PE 管连接管件　　PB 管连接管件

图 1-15　常用塑料给水管和连接管件

表 1-3　常用塑料给水管的物理性能和连接方式

管材	PE-X	PP-R	PB	ABS
材基名称	交联聚乙烯	无规共聚聚丙烯	聚丁烯	丙烯腈-丁二烯-苯乙烯
密度/(kg·m^{-3})	$0.95×10^3$	$0.9×10^3$	$0.93×10^3$	$1.02×10^3$
长期使用温度/℃	≤90	≤70	≤90	≤60
工作压力/MPa	1.6(冷水) 1.0(热水)	2.0(冷水) 1.0(热水)	1.6~2.5(冷水) 1.0(热水)	1.6
热膨胀系数/[mm·m^{-1}·℃$^{-1}$]	0.15	0.11	0.13	0.11
导热率/[mm·m^{-1}·℃$^{-1}$]	0.41	0.25	0.22	0.26
管道规格外径/mm	14~63	20~110	20~63	15~300
寿命/年	50	50	50	50
连接方式	夹紧式连接 卡套式连接	热熔式连接	热熔式连接 夹紧式连接	承插粘接或胶圈连接

塑料管也有抗局部集中强度较低、热膨胀系数较大、相对管壁厚度较大等缺点。

塑料管宜采用热熔连接，如图 1-16 所示。

近几年，高密度聚乙烯（HDPE）管以良好的性价比获得建筑市场的高度认可，它同样具有耐腐蚀、内壁光滑、流动阻力小、强度高、韧性好、重量轻等特点。

图 1-16　塑料管热熔连接

（3）复合管材

1）铝塑复合管　目前铝塑复合管是民用建筑装修常用的管材，它以焊接铝管为中间层，内外层交联聚乙烯塑料，采用专用热熔胶通过挤压成型的方法复合成一体，可分为冷水和热水用铝塑管。铝塑复合管有较好的保温性能，内外壁不易腐蚀，内壁光滑，对流体阻力很小；可随意弯曲，安装方便。作为供水管道，铝塑复合管有足够的强度，但如果横向受力太大，则会影响其强度，多用于明管施工或埋于墙体内，不宜埋入地下（铝塑复合管也可以埋入地下，比如地暖中用的管子就是铝塑复合管）。铝塑复合管的连接是卡套式的（也可以是卡压式的），因此施工时要通过严格的试压，检验连接是否牢固；应防止经常振动，以及卡套松脱；长度方向应留足安装量，以免拉脱。铝塑复合管外形如图 1-17 所示。

2）钢塑复合管（SP 管）。SP 管是以钢为骨架，在内层、外层或内外两层涂覆塑料而形成的复合管材。SP 管既具有钢材优良的耐压、耐热性能以及尺寸稳定性等，又具有塑料耐腐蚀、导热系数低、质量轻、弹性、韧性好等性能。它可应用于市政建筑给排水、供暖系统、化工及食品工业等领域，如图 1-18 所示。

图 1-17　铝塑复合管与管件

图 1-18　钢塑复合管（SP 管）

2. 常用管件

常用管件有弯头、三通、四通、异径管等。

（1）弯　头

弯头是用来改变管道走向的管件，包括 90°、45° 和 U 形弯头，常用的弯头如图 1-19 所示。

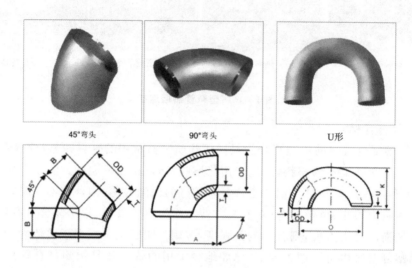

图 1-19　各类弯头

（2）三通、四通

三通、四通是主管道与分支管道相连接的管件，可分为等径三通、四通和异径三通、四通，图 1-20 为三通、四通外形或剖面图。

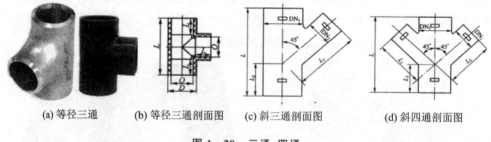

（a）等径三通　　（b）等径三通剖面图　　（c）斜三通剖面图　　（d）斜四通剖面图

图 1-20　三通、四通

（3）异径管

异径管的作用是使管道变径，有同心和偏心两种，图 1-21 为示意图或外形图；异经管按制造方式可分为无缝和有缝两种。

3. 常用附件

给水附件指给水管道上用于调节水量、水压，控制水流方向以及断流后便于管

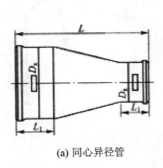 

(a) 同心异径管　　　　　　(b) 偏心异径管

图 1-21　异径管

道、仪器和设备检修用的各种阀门。给水管道附件是安装在管道及设备上的具有启闭或调节功能、保障系统正常运行的装置，分为配水附件、控制附件与其他附件 3 类。

（1）配水附件

配水附件是指为各类卫生洁具或受水器分配或调节水流的各式水龙头（或阀件），是使用最为频繁的管道附件，附件产品应符合节水、耐用、开关灵便、美观等要求。

1）旋启式水龙头。普遍用于洗涤盆、污水盆、盥洗槽等卫生器具的配水，由于密封橡胶垫磨损而容易造成滴、漏现象。目前，我国已明令限期禁用普通旋启式水龙头，以陶瓷芯片水龙头取而代之。

2）旋塞式水龙头。手柄旋转 90°即完全开启，可在短时间内获得较大流量。由于启闭迅速容易产生水击，因此一般设在浴池、洗衣房、开水间等压力不大的给水设备上。

3）陶瓷芯片水龙头。采用精密的陶瓷片作为密封材料，由动片和定片组成，通过手柄的水平旋转或上下提压使成动片与定片产生相对位移而启闭水源，使用方便。陶瓷芯片硬度极高，优质陶瓷阀芯使用 10 年也不会漏水。新型陶瓷芯片水龙头大多有流畅的造型和不同的颜色，有的水龙头表面镀钛金、镀铬、烤漆、烤瓷等；造型除常见的流线形、鸭舌形外，还有球形、细长的圆锥形、倒三角形等。

4）混合水龙头。安装在洗面盆、浴盆等卫生器具上，通过控制冷、热水流量调节水温，作用相当于两个水龙头，使用时将手柄上下移动控制流量，左右偏转调节水温。

5）延时自闭水龙头。主要用于酒店及商场等公共场所的洗手间，使用时将按钮下压，每次开启持续一定时间后，靠水压力及弹簧的增压而自动关闭水流，能够有效避免"长流水"现象，避免浪费。

6）自动控制水龙头。根据光电效应、电容效应、电磁感应等原理自动控制水龙头的启闭，常用于建筑装饰标准较高的盥洗、淋浴、饮水等的水流控制，具有防止交叉感染、提高卫生水平及舒适程度的功能。

常见几种水龙头外形如图 1-22 所示。

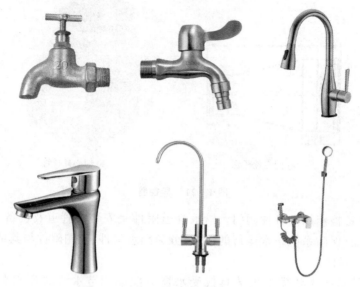

图 1-22　各类水龙头

（2）控制附件

给水控制附件是用来调节水量、水压,关断水流,控制水流方向和水位的阀门。常用的控制附件按照阀体结构形式和功能分为截止阀、闸阀、止回阀、减压阀、压力平衡阀、安全阀、排气阀、温控阀、电磁阀、浮球阀等。

1）截止阀。截止阀常在管径 DN≤50 mm,需要经常启闭的管道上使用。截止阀密封性较好,可用于调节管道内水流的流量大小,安装时须注意水流方向。阀体材料有铸铁、铜、塑料、不锈钢等;接口形式有内外螺纹、法兰,常见截止阀外形如图 1-23 所示。

2）闸阀。闸阀常在直径 DN>50 mm,启闭较少的管段上使用。闸阀全开时水流呈直线通过,阻力小,但若水中杂质沉积在阀座时,阀板将不易关严,易产生漏水。闸阀启闭方式有手动、齿轮转动、电动和液压传动等;阀体材料有不锈钢、铸铁或铜等,接口形式有螺纹和法兰两种,闸阀外形如图 1-24 所示。

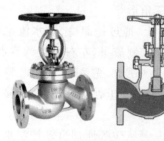

图 1-23　截止阀

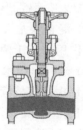

图 1-24　闸阀

3）蝶阀。蝶阀具有开启方便，结构紧凑、占用面积小的特点，可在设备安装空间较小时采用。蝶阀启闭方式有手动、电动两类，常使用蝶阀外形如图1-25所示。

4）球阀。球阀具有启闭灵活、开启方便、密封性好等特点，可用于要求启闭迅速的场合。阀体材料有铸铁、碳钢、铜、塑料等，接口形式有螺纹、法兰，球阀外形如图1-26所示。

图1-25　蝶　阀　　　　　　　图1-26　球　阀

5）止回阀。止回阀用于控制给水管道的水流流动方向，装设在需要防止水倒流的管段上。止回阀按构造不同分为旋启式、升降式、蝶式、梭式和球式等；按振动和消声等级不同可以分为消声式、普通式；阀体材料有铸铁、不锈钢、铜、塑料等，接口形式有螺纹、法兰、沟槽等，止回阀外形如图1-27所示。

6）减压阀。减压阀可以降低下游管道的供水压力，是广泛应用于高层建筑生活给水系统和消防给水系统上的减压装置。采用减压阀能节省系统的分区水泵或减压水箱，均衡一个区域内各分支管段上的供水压力。目前，国内生产的减压阀主要有两种类型——弹簧式减压阀和比例式减压阀，减压阀外形如图1-28所示。

图1-27　止回阀　　　　　　　图1-28　减压阀

7）安全阀。如图1-29所示，安全阀是保证系统和设备安全运行的阀门，用于需超压保护的设备容器及管路上，能自动放泄压力。安全阀按构造分为杠杆式、弹簧式和脉冲式，常见接口形式有法兰等。

8) 液位控制阀。如图1-30所示,液位控制阀用以控制水箱、水池液面的高度,以免发生溢流。过去液位控制阀大都是浮球阀,水位上升后浮球随之浮起,由于杠杆作用关闭进水口,水位下降浮球随之下降,开启进水口。浮球阀接口有螺纹、法兰等。由于浮球体积大且阀芯易卡住,目前在大中型水箱、水池中已较少采用,一般采用遥控液位控制阀。

图1-29 安全阀　　　　　　　图1-30 液位控制阀

1.1.5　升压与储水设备

室外给水管网的水压或流量经常或间断不足,有时不能满足室内给水要求,应设增压与调节设备。常用的设备有水箱、水泵、贮水池和气压给水装置。

1. 水箱的配管及附件

根据用途不同,水箱可分为高位水箱、减压水箱、冲洗水箱等多种类型。其形状多为矩形和圆形,制作材料有钢板(包括普通、搪瓷、镀锌、复合与不锈钢板等)、钢筋混凝土、玻璃钢和塑料等。这里主要介绍在给水系统中使用较广的,起保证水压,贮存、调节水量作用的高位水箱,其主要配管与附件如图1-31所示。

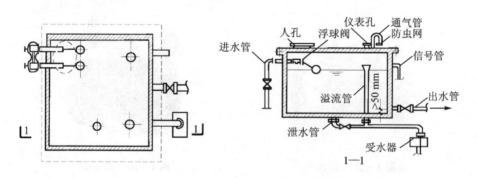

图1-31 水箱的主要配管与附件示意

(1) 进水管

当水箱直接由室外给水管网进水时,为防止溢流,进水管出口应装设液压水位控制阀或浮球阀,并在进水管上装设检修用的阀门。若采用浮球阀,个数一般不少于2个,浮球阀直径与进水管管径相同。从侧壁进入的进水管,其中心距箱顶应有150~

200 mm 的距离。当水箱由水泵供水,并利用水位升降自动控制水泵运行时,可不设水位控制阀。

（2）出水管

出水管可从侧壁或底部接出,出水管内底或管口高出水箱内底距离应大于 50 mm,以防沉淀物进入配水管网。若进水、出水合用一根管道,则应在出水管上装设阻力较小的旋启式止回阀,止回阀的标高应低于水箱最低水位 1.0 m 以上,以保证止回阀开启所需的压力。

（3）溢流管

水箱溢流管可从底部或侧壁接出,溢流管口应设在水箱设计最高水位 50 mm 以上处,管径应比进水管大一级。溢流管上不允许设置阀门,溢流管出口应设网罩。

（4）水位信号装置

水位信号装置是反映水位控制阀失灵报警的装置,可在溢流管口下 10 mm 处设信号管,管径应为 15～20 mm。若水箱液位与水泵联锁,则应在水箱侧壁或顶盖上安装液位继电器或信号器,采用自动水位报警装置,并应保持一定的安全容积。最高电控水位应低于溢流水位 100 mm；最低电控水位应高于最低设计水位 200 mm 以上。

（5）泄水管

水箱泄水管应自底部接出,以用于检修或清洗时泄水,管上应装设闸阀,其出口可与溢水管相接,但不得与排水系统直接相连,管径应为 40～50 mm。

（6）通气管

当贮量较大时,供生活饮用水的水箱宜在箱盖上设通气管,以使箱内空气流通,管径一般不小于 50 mm,管口应朝下并设网罩。

（7）人　孔

为便于清洗、检修,箱盖上应设人孔。

2. 水　泵

水泵是给水系统中的主要增压设备。在建筑内部的给水系统中,一般采用离心式水泵。离心式水泵按叶轮的数量分为单级泵和多级泵(泵轴上连有两个或两个以上的叶轮),有几个就叫几级泵；按水泵泵轴所处的位置分为卧式泵(泵轴与水平面平行)和立式泵(泵轴与水平面垂直)。离心式水泵的管路有压水管、吸水管。压水管能将水泵压出的水送到需要的地方,管路上应安装闸阀、止回阀、压力表；吸水管是水池至水泵吸水口之间的管道,通过其将水由水池送至水泵内,管路上应安装吸水底阀和真空表,当水泵安装得比水池液面低时应用闸阀代替吸水底阀,用压力表(正压表)代替真空表。水泵工作管路附件可简称一泵、二表、三阀。

离心式水泵的基本性能参数如下：

（1）流　量

指水泵在单位时间内所输送水的体积,以符号 Q 表示,单位为 m^3/h。

(2) 扬　程

扬程指单位重量的水通过水泵所获得的能量,以符号 H 表示,单位为 Pa 或 mH_2O。

(3) 功　率

功率指水泵在单位时间内所做的功,以符号 N 表示,单位为 kW。

(4) 效　率

效率指水泵功率与电动机加在泵轴上的功率之比,以符号 η 表示,用百分数表示。水泵的效率越高,说明泵所做的有用功越多,损耗的能量就越少,水泵的性能就越好。

(5) 转　速

转速指泵的叶轮每分钟的转数,以符号 n 表示,单位为 r/min。

(6) 允许吸上真空高度

允许吸上真空高度指水泵运转时,吸水口前允许产生真空度的数值,以符号 H_s 表示,单位为 m,允许吸上真空高度是确定水泵安装高度的参数。

在以上几个参数中,流量和扬程表明了水泵的工作能力,是水泵最主要的性能参数。

1.1.6　水　表

水表是计量用水量的仪表,在建筑给水系统中广泛使用的是旋翼式水表和螺翼式水表,如图 1-32 所示。旋翼式水表的叶轮转轴与水流方向垂直,其水流阻力较大,始动流量和计量范围较小,适用于管道直径 DN≤50 mm,用水量较小且用水较为均匀的用户。螺翼式水表的叶轮转轴与水流方向平行,其水流阻力较小,始动流量和计量范围较大,适用于管道直径 DN＞50 mm,用水量大的用户。

图 1-32　旋翼式水表(左)和螺翼式水表(右)

水表按其计数机件所处状态又分为干式和湿式两种,干式水表中计数机件和表盘与水隔开,湿式水表的计数机件和表盘浸没在水中。

近几年,随着楼宇智能化技术的发展,物业管理的集中抄表要求,使得无线远传式水表得到广泛应用,其外形如图1-33(a)所示;另外,为了节约用水,卡式水表也得到了推广,外形如图1-33(b)所示,其使用时,将有效充值卡插入水表中,水表开启阀门供水,并实时扣除卡中的用水费用;拔出充值卡后水表即停止供水。卡式水表常适用于集体宿舍等公共用水场所,作为现场供水收费结算工具。

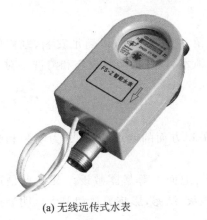
(a) 无线远传式水表

(b) 卡式水表

图1-33 远传式水表和卡式水表

1.2 给水系统安装

1.2.1 给水管道的敷设要求

1. 给水管道布置

给水管道的布置指在确定给水方式后,在建筑图上布设管道和确定各种升压和储水设备的位置。其布置受建筑结构、用水要求、配水点和室外给水管道的位置以及供暖、通风、空调和供电等其他建筑设备工程管线等因素的影响。进行管线布置时,要协调和处理好各种相关因素的关系,而且要满足以下基本要求。

(1)确保供水安全和水利条件良好,力求经济合理。按供水可靠程度,给水管道的布置可分为枝状和环状。枝状管网干管首尾不相接,只有一根引入管,支管布置形状像树枝,单向供水,供水安全可靠性差,但节约管材,造价低;环状管网干管首尾相接,有两根引入管,双向供水,安全可靠,但管线长,造价高。一般建筑内给水管网宜采用枝状布置。

管道一般沿墙、梁、柱平行布置,并尽可能走直线。给水干管尽可能靠近用水量大或不允许间断供水的用水点,以保证供水安全可靠,减少管道的传输流量,使大口径管道长度最短。

(2)保护管道不受损坏。埋地给水管应避免布置在可能被重物压坏处或设备振动处,管道不得穿过设备基础,如必须穿过时,应与有关部门协商处理。给水管道不宜穿过伸缩缝,必须通过时,应设置补偿管道伸缩和剪切变形的装置,一般可采取下列措施。

1) 在墙体两侧采取柔性连接。

2) 在管道或保温层外皮上、下留有不小于 150 mm 的净空。

3) 在穿墙处做成方形补偿器,水平安装。

(3) 不影响安全生产和建筑物的使用。

(4) 便于安装维修。管道安装时,周围要留一定的空间,以满足安装、维修的要求。给水横管宜设 0.002~0.005 的坡度坡向泄水,以便检修时放空和清洗。对于管道井,当需进入检修时,其通道宽度不宜小于 0.6 m。

2. 给水管道敷设

室内给水管道的敷设,根据建筑对卫生、美观方面的要求不同,分为明装和暗装两类。

明装是指管道在室内沿墙、梁、柱、楼板下、地面上等暴露敷设。其优点是造价低,施工与检修管理方便;缺点是管道表面易积灰、结露,影响美观和卫生。明装适用于一般民用、工业建筑。

暗装是指管道可在地下室、地面下、吊顶或管井、管沟、管槽中隐蔽敷设。其优点是卫生条件好,美观,整洁;缺点是施工复杂,造价高,检修困难。暗装适用于对卫生、美观要求高的建筑,如宾馆、住宅和要求无尘、洁净的车间、实验室、无菌室等。

管道沿建筑构件敷设时,应用钩钉、管卡(沿墙立、水平管)、吊环(顶棚下)及托架(沿墙水平管)固定。支架、吊架如图 1-34 所示。

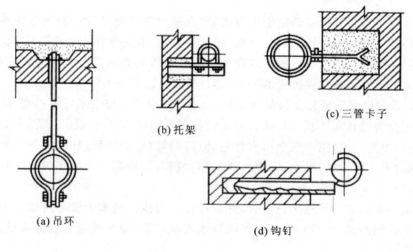

图 1-34 支架、吊架

给水管道穿越地下室、地下构筑物外墙、屋面、楼板或钢筋混凝土水池(箱)的壁板时,为了防止穿越处管道安装影响结构强度和结构被管道穿越处的渗漏,需要预埋防水套管。防水套管的规格一般比穿越管道大2号。安装在楼板内的套管,其顶部应高出楼地面面层20 mm,而安装在卫生间及厨房内楼板内的套管,其顶部应高出楼地面面层50 mm,底部应与楼板底面平齐;安装在墙壁内的套管其两端与应饰面相平。套管与管道之间应用阻燃密实材料和防水油膏填实且端面光滑。管道的接口不得设在套管内。防水套管的类型由管道材料、地震设防要求、地下水位高度以及管道自身的振动等因素确定。表1-4所列为防水套管的类型与适用范围。

3. 管道的防腐、防冻、防结露及防噪声

要使给水管道系统能在较长年限内正常工作,除日常加强维护管理外,在设计和施工过程中需要采取防腐、防冻、防结露及防噪声措施。

(1) 管道防腐

无论是明装还是暗装的管道,除镀锌钢管、塑料管外,都必须做防腐处理。

表1-4 防水套管类型及适用范围

类型		适用范围
柔性套管	A型	用于穿越水池壁或内墙	有地震设防要求的地区,管道穿墙处受振动,管道穿越伸缩变形缝和管道穿越有严密防水要求的建(构)筑物
	B型	用于穿越建(构)物外墙	
刚性套管	A型	适用钢管	管道穿墙处不承受振动和管道穿越处无伸缩变形的建(构)筑物
	B型	适用球墨铸铁管	
	C型	适用铸铁管	

最常用的是刷油法,把管道外壁除锈打磨干净,露出金属光泽并使之干燥,明装管道刷防锈漆(如红丹漆)两道,然后刷面漆(如银粉)两道。

暗装管道除锈后,刷防锈漆两道,可不刷面漆。

埋地钢管除锈后刷冷底子油两道,再刷热沥青两道。

埋地铸铁管,如果管材出厂时未涂油,敷设前应在管外壁涂两道沥青防腐,明露部分可刷两道防锈漆、银粉。

(2) 管道保温防冻

设置在室内温度低于零度以下的给水管道,如敷设在不采暖房间的管道以及安装在受室外冷空气影响的门厅、过道等处的管道,应采取防冻措施。管道安装完毕,经水压试验和防腐处理后,应采取相应的保温防冻措施。常用的保温方法有以下两种。

1) 管道外包棉毡(包括岩棉、超细玻璃棉、玻璃纤维和矿渣棉毡等)保温层,再外

包玻璃丝布保护层,表面刷调和漆。

　　2) 管道用保温瓦(包括泡沫混凝土、石棉硅藻土、膨胀蛭石、泡沫塑料、岩棉、超细玻璃棉、玻璃纤维、矿渣棉和水泥珍珠岩等制成)做保温层,外做玻璃丝布保护层,表面刷调和漆。

　　(3) 管道防结露

　　在环境温度较高、空气湿度较大的房间或在夏季,当管道内水温低于室温时,管道和设备表面可能产生凝结水,从而引起管道和设备的腐蚀,影响使用及环境卫生。因此,必须采取防结露措施,即做防潮绝缘层,具体做法一般与保温层相同。

　　(4) 防噪声

　　管道或设备在使用过程中常会产生噪声,噪声沿建筑物结构或管道传播。为了防止噪声传播,就要求建筑设计严格按照规范执行,水泵房、卫生间不靠近卧室及其他要求安静的房间,必要时可做隔音墙壁。另外,提高水泵机组装配和安装的准确性,采用减振基础及安装隔震垫等,也能减弱和防止噪声的传播。为了防止附件和设备产生噪声,应选用质量好的配件、器材及可曲绕橡胶接头等。

1.2.2　给水管道的安装

1. 金属给水管道安装

　　(1) 管道安装顺序

　　管道安装应结合具体条件,合理安排顺序。一般为先地下、后地上;先大管、后小管;先主管、后支管。当管道交叉中矛盾时,应按下列原则避让。

　　1) 小管让大管。

　　2) 无压力管让压力管,低压管让高压管。

　　3) 一般管道让高温管道或低温管道。

　　4) 辅助管道让物料管道,一般管道让易结晶、易沉淀管道。

　　5) 支管道让主管道。

　　(2) 预埋和预制加工

　　1) 孔洞预留。根据施工图中给定的穿管坐标和标高在模板上做好标记,将事先准备的模具用钉子钉在模板上或用钢筋绑扎在周围的钢筋上,固定牢靠。

　　2) 预埋。①管道穿越地下室和地下构筑物的外墙、水池壁等均设置防水套管。②穿墙套管在土建砌筑时应及时套入,保证位置准确。过混凝土板墙的管道,在混凝土浇筑前须安装好套管,与钢筋固定牢,同时在套管内放入松散材料,防止混凝土进入套管内。管道与套管之间的空隙宜用阻火填料密封。

3）预制加工。a.按设计图画出管道分路、管径、变径、预留管口及阀门位置等施工草图,按标记分段量出实际安装的准确尺寸,记录在施工草图上,然后按施工草图测得的尺寸预制组装；b.沟槽加工应按厂家操作规程执行。

（3）干管安装要点

1）地下干管在上管前,应将各分支口堵好,防止泥沙进入管内；在上主管时,要将各管口清理干净,保证管路的畅通。

2）预制好的管要小心保护好螺纹,上管时不得碰撞。可用加临时管件的方法加以保护。

3）安装完的干管,不得有塌腰、拱起的波浪现象及左右扭曲的蛇弯现象。管道安装应横平竖直。水平管道纵横方向弯曲的允许偏差为：当管径小于 100 mm 时为 5 mm,当管径大于 100 mm 时为 10 mm,横向弯曲全长 25 m 以上时为 25 mm。

4）在高空上管时,要注意防止管钳打滑而发生安全事故。

5）支架应根据图纸或管径要求正确选用,其承重能力必须达到设计要求。

（4）立管安装要点

1）调直后的管道上的零件如有松动,必须重新上紧。

2）安装阀门要考虑便于开启和检修。下供式立管上的阀门,当设计未标注标高时,应安装在地坪面上 300 mm 处,且阀柄应朝向操作者的右侧,并与墙面形成 45°夹角处,阀门后侧必须安装可拆装的连接件。

3）当用膨胀螺栓时,应先在安装支架的位置用冲击电钻钻孔,孔的直径与套管外径相等,深度与螺栓长度相等。然后将套管套在螺栓上,带上螺母一起打入孔内；到螺母接触孔口时,用扳手拧紧螺母,使螺栓的锥形尾部将开口的套管尾部张开,螺栓便和套管一起固定在孔内。这样就可在螺栓上固定支架或管卡。

4）上管要注意安全,且应保护好末端的螺纹,不得碰坏。

5）多层及高层建筑,每隔一层在立管上要安装一个活接头。

（5）支管安装

安装支管前,先按立管上预留的管口在墙面上画出水平支管安装位置的横线,并在横线上按图纸要求画出各分支线或给水配件的位置中心线,再根据横线中心线测出各支管的实际尺寸,并进行编号记录,根据记录尺寸进行预制和组装（组装长度以方便上管为宜）,检查调直后进行安装。

（6）支架、吊架的安装

托架、吊架栽入墙体或顶棚后,在混凝土未达到强度要求前严禁受外力,更不准登、踏、摇动,不准安装管道。各类支架安装前应完成防腐工序。

层高不超过 4 m 时,立管只需设一个管卡,通常设在 1.5～1.8 m 高度处。水平钢管的支架、吊架间距根据管径大小而定。

2. 塑料管道安装

(1) 管道连接

1) 硬聚氯乙烯管承插连接。直径小于 200 mm 的挤压管多采用承插连接。

2) 对焊连接。对焊连接适用于直径较大(大于 200 mm)的管连接。方法是将管两端对起来焊成一体。焊口的连接强度比承插连接差,但是施工简单,严密性好,也是一种常用的不可拆卸的连接方式。

3) 带套管对焊连接。管对焊连接后,将焊缝铲平,铲去主管外表面上对接焊缝的高出部分,使其与主管外壁面平齐。套管可用板材加热卷制,长度应为主管公称直径的 2.2 倍。接着先用酒精或丙酮将主管外壁和套筒内壁擦洗干净,并涂上 PVC 塑料胶,再将套管套在主管对接缝处,使套管两端与焊缝保持等距离。套管与主管间隙不大于 0.3 mm。最后采用热空气熔化焊接,先焊套管的纵缝,再完成套管两端主管的封口焊。

4) 焊环活套法兰连接。即在套管焊上一个挡环,用钢法兰连接。这种连接施工方便,可以拆卸,适用于较大的管径。缺点是焊缝处易拉断,因此小直径的管宜用翻边活套法兰连接,法兰垫片采用软聚氯乙烯塑料垫片。

5) 扩口活套法兰连接。扩口方法与承插连接的承口加工方法相同。这种接口强度高,能承受一定压力,可用于直径在 20 mm 以下的管道连接。法兰为钢制,尺寸同一般管道。但由于塑料管强度低,法兰厚度可适当减薄。

6) 平焊塑料法兰连接。这种连接方法是用硬聚氯乙烯塑料板制作法兰,直接焊在管端上,连接简单,拆卸方便,用于压力较低的管道。法兰尺寸和平焊钢法兰一致,但法兰厚度大些。垫片选用布满密封面的轻质宽垫片,否则拧紧螺栓时易损坏法兰。

7) 螺纹连接。对硬聚氯乙烯来说,一般只能用于连接阀件、仪表或设备上。密封填料宜用聚四氟乙烯密封带,拧紧螺纹时用力应适度,不可拧得过紧。螺纹加工应由制品生产厂家完成,不得在现场进行。

(2) 预制加工

1) 管材切割前必须测量和计算好管长,用铅笔在管材表面画出切割线和热熔连接 深度线,连接深度见管材要求。

2) 切割管材宜用管子剪、断管器、管道切割机,不宜用钢锯。

(3) 支架安装

硬聚氯乙烯管道不得直接与金属支架、吊架相接触,而应在管道与支架间垫以软塑料垫。

由于硬聚氯乙烯强度低、刚度小,支承管的支架、吊架间距要小。管径小、工作温度或大气温度较高时,应在管的全长上用角钢支托,以防止管向下挠曲,并要注意防振。

(3) 热补偿

硬聚氯乙烯管的膨胀系数比钢材大很多,因此要设热补偿装置。当管不长时,可用自然弯代替补偿器；当管较长时,每隔一定距离应装一个补偿器。直径在 100 mm 以下的管,可用管本身直接完成"Ω"型补偿器。大直径管,有时每隔一定距离焊一小段软聚氯乙烯管当作补偿器用,或翻边粘结。也可以把管子压成波形补偿器,波数可以是一个或几个应根据最大温度差和支承架的间距来确定。

此外,硬聚氯乙烯管道不能靠近输送高温介质的管道敷设,也不能安装在其他大于 60 ℃的热源附近。

3. 阀门安装

阀门安装前应做耐压强度试验,试验应从每批(同牌号、同规格、同型号)数量中抽查 10%且不小于 1 个,如有不合格应再抽查 20%,仍有不合格的应全部试验。对于安装在主干管上起切断作用的闭路阀门,应逐个进行强度和严密性试验,强度试验压力为公称压力的 1.5 倍,严密性试验压力应为公称压力的 1.1 倍。

阀门强度试验是阀门在开启状态下的试验,检查阀门外表面的渗漏情况。

阀门严密性试验是指阀门在关闭状态下的试验,检查阀门密封面是否渗漏。

阀门安装的一般规定如下:

1) 阀门与管道或设备的连接有螺纹连接和法兰连接两种。安装螺纹阀门时,两法兰应互相平行且同心,不得使用双垫片。

2) 水平管道上阀门、阀杆、手轮不可朝下安装,宜向上安装。

3) 并排立管上的阀门,高度应一致且整齐,手轮之间应便于操作,净距不应小于 100 mm。

4) 安装有方向要求的疏水阀、减压阀、止回阀、截止阀,注意一定要使其安装方向与介质的流动方向一致。

5) 换热器、水泵等设备安装体积和重量较大的阀门时,应单设阀门支架,操作频繁、安装高度超过 1.8 m 的阀门,应设固定的操纵平台。

6) 安装于地下管道上的阀门应设在阀门井内或检查井内。

7) 减压器的安装。它是以阀组的形式出现的。阀组由减压阀、前后控制阀、压力表、Y 形过滤器、可挠性橡胶接头及螺纹连接的三通、弯头、活接头等管件组成。阀组称为减压器。减压阀有方向性,安装时不得反装。

1.2.3 给水管道的试压与清洗

1. 管道水压试验

室内给水管道的水压试验必须符合设计要求。当设计未注明时,各种材质的给水管道系统试验压力均为工作压力的 1.5 倍,但不得小于 0.6 MPa。管道水压试验应符合下列规定：

1) 水压试验前管道应固定牢靠,接头须明露,支管不宜连通卫生器具配水件。

2) 加压宜用手压泵,泵和测量压力的压力表应装在管道系统的底部最低点(不在最低点的应折算几何高差的压力值),压力表精度为 0.01 MPa,量程为试压值的 1.5 倍。

3) 管道注满水后排出管内空气,封堵各排气出口,进行严密性检查。

4) 缓慢升压,升至规定试验压力,10 min 内压力降不得超过 0.02 MPa,然后降至工作压力检查,压力应不降且不渗不漏。

5) 直埋在地板面层和墙体内的管道,应分段进行水压试验,试验合格后土建方才可继续施工。

6) 热水管道试验压力应为管道系统顶点的工作压力加 0.1 MPa,同时在系统顶点的试验压力不小于 0.3 MPa。

7) 金属及复合管给水管道在试验压力下观测 10 min,压力降不应大于 0.02 MPa,然后降到工作压力进行检查,应不渗不漏。

8) 塑料管给水系统应在试验压力下稳压 1 h,压力降不得超过 0.05 MPa,然后在工作压力的 1.15 倍状态下稳压 2 h,压力降不直超过 0.03 MPa,同时检查各连接处不得渗漏。

2. 管道冲洗消毒

给水系统在使用之前应试压和清洗。一次擦洗管道长度不宜过长,以 1 000 m 为宜,以防止擦洗前蓄积过多的杂物造成移动困难。放水路线不得影响交通及附近建筑物的安全,并与有关单位取得联系,以保证放水安全、畅通。安装放水口时,与被冲洗管的连接应严密、牢固,管上应装有阀门、排气管和放水取样龙头,放水管可比被冲洗管小,但截面不应小于被冲洗器的 1/2,放水管的弯头处必须进行临时加固,以确保安全。冲洗水量较集中的,选好排放地点,排至河道或下水道要时考虑其承受能力,是否能正常泄水。设计临时排水管道的截面不得小于被冲洗管的 1/2。

冲洗时先开出水闸门,再开来水闸门。注意冲洗管段,特别是出水口的工作情况,做好排气工作,并派人监护放水路线,有问题及时处理。

检查有无异常声响、冒水或设备故障等现象,检查放水口水质外观,当排水口的水色、透明度与入口处目测一致时即为合格。

放水后应尽量使来水闸门、出水闸门同时关闭,如做不到,可先关出水闸门,但留一两口先不关全,待来水闸门关闭后,再将出水闸门全部关闭。冲洗生活饮用给水管道,放水完毕,管内应存水 24 h 以上再化验。

生活饮用的给水管道在放水冲洗后,如水质化验达不到要求,应用漂白粉溶液注入管道浸泡消毒,然后再冲洗,经水质部门检验合格后交付验收。

1.3　给水系统识图及 BIM 建模

1.3.1　给水系统图识读

1. 施工图的构成

建筑给排水施工图是给排水工程的语言、施工的依据和编制给排水施工预算的基础。因此,给排水施工图必须以统一的符号、准确图形和文字说明,表达设计意图,并用于指导工程施工。

在建筑给排水施工图中,图纸内容包括图纸目录、设计施工说明、图例、主要设备材料表、平面图、系统轴测图、展开系统原理图、详图与大样图等。

（1）图纸目录

图纸目录以表格形式出现,表头标明建设单位、工程名称、分部工程名称、设计日期等,表中将全部给排水施工图编号(水施—X),按图名顺序填入。其作用是便于核对图纸数量和查找图纸。

（2）设计、施工说明

设计、施工说明以文字的形式,将设计人员在图形上无法表明而又必须要建设和施工单位知道的技术数据、参数和质量要求等加以说明。

设计图纸中还会对图例符号所代表的管道类别、给排水管道附件、管件、阀门、给水配件、给水设备、给排水设施等加以说明。

（3）主要设备材料表

主要设备材料表也叫设备和主要器材表,表中一般罗列给排水工程设计中所采用的卫生器具、设备、器材和特殊阀门的详细规格型号、技术参数、数量等内容。

（4）给排水平面图

给排水平面图主要表达给排水卫生器具、管道、设备、附件及仪表的平面位置,穿越建筑物外墙的管道标高、防水套管的形式等。当用展开系统原理图代替系统轴测图时,平面图上会标注横管的管线标高。平面图常用比例与建筑专业一致。

（5）系统轴测图

给排水系统轴测图是一种立体图(常见有 45°或 60°方向轴测)。它按比例(1∶100 或 1∶50)或不按比例地分别表明生活冷水、生活热水、生产给水、消火栓、自喷等给水系统和污水、废水、空调凝结水、雨水等排水系统的轴测走向、管径、仪表和阀门的类型,管道控制点的标高和坡度,各系统的编号和立管的编号,各楼层卫生器具、给排水设备和附件与管道的连接点位置。

（6）展开系统原理图

展开系统原理图比系统轴测图简单,图纸一般不设比例,不按轴测走向绘制,图中会明确表达楼层的标高,但不强调对所有横管标注标高,它主要用于反映各种管道系统的整体概念及管道的来龙去脉,设备、附件的安装楼层和技术参数,以方便与平面图对照识读。

(7) 详图与大样图

详图也叫放大图或节点图。对于给排水工程中某连接构造比较复杂的关键部位,在比例较小的平面图、系统图中无法表达清楚时,在给排水施工图中以较大的比例形式表达。

大样图是给排水施工图中为非标准化的加工件,如管件、零部件、非标准设备等绘制的加工大样。大样图比详图的比例更大(1:10、1:5等),管线一般用双线表示。

2. 给排水施工图的绘图习惯

(1) 给排水施工图中,除大样图外,管线一律以不同的单线符号表示,本层使用的管道应绘制在本层平面上,看不见的管道、附件(穿墙、埋地管道、管井等)不用虚线,应采用原有管线图例的画法。

(2) 给排水施工图基本按比例绘制,但原理图、局部平面管道位置可不按比例,如立管、沿墙布置的水平管道与墙面的距离、与排水管道平行的距离等。

(3) 给排水平面图中,给水、排水、消防、热水等系统不复杂时,往往在同一层平面图中表现,称作给排水平面图。若系统较多而且复杂,则消防系统可有单独的消防平面图。

(4) 给排水系统轴测图或展开系统原理图按照系统的类别独立绘制(如生活给水、生活热水、消防给水、污水、雨水等)。

(5) 给水系统轴测图中,管道与卫生器具的连接一般绘至配水附件(龙头)或配水控制附件(阀门)。在排水轴测图中,管道与卫生器具的连接中一般绘至存水弯或器具排水管。每层相同时,往往只绘制一层,其余楼层只需注明与某一层相同即可。

(6) 在展开系统原理图中,给水系统的给水支管中一般绘至卫生间或单户住宅的控制阀门。

(7) 给水管道的标高一般为管中心标高,排水管线的标高一般为管内底标高;标高的标注位置一般在平面上管道穿墙位置处,或系统图上横管的最低点(或最高点)。

(8) 给排水管道的支架一般在图纸中不直接绘出,仅说明采用的施工规范要求和标准图集。

3. 识图的方法

(1) 识读给水施工图时,首先要对照图纸目录,确认成套图纸是否完整,图名与图纸目录是否吻合。

(2) 识读设计施工说明,要了解本工程给水设计内容,施工使用的规范和标准图集。了解本设计使用的图例符号含义。掌握本工程使用的给水管材、附件、卫生器具、设备的类型和技术参数,作为施工管理、材料采购、工程预决算的依据和工程质量

第1章 建筑给水系统

检查的依据。

(3) 识读给水平面图,应了解建筑使用功能对给水工程的要求;注意管道系统与房屋建筑的相互关系,如管线、附件的平面位置,管线穿墙、楼板、基础、屋面的位置;给水设备、卫生器具的定位;给水立管的位置、编号;系统的编号;管径、管道坡度等。

(4) 识读给水系统轴测图和展开系统原理图,应从系统轴测图或展开系统原理图中掌握管道系统的来龙去脉,并与平面图对照读图,建立全面、完整的系统形象,了解管道设置标高、空间走向、管径和给水方式;了解施工图中,给水附件、设备使用的图例符号,掌握它们的类型、规格,设置的楼层位置等。其读图顺序可按给水引入管→给水水平干管→给水立管→给水支管→卫生器具配水附件→给水加压贮水装置顺序进行。

4. 给排水专业图纸解析

门诊楼给排水图纸从水施01到水施12共计12张图纸,对应图纸详见图纸目录,如图1-35所示。在给水专业建模时,需要关注一下图纸信息。

图纸目录				
序号	图别	图号	图纸名称	图纸规格
1	水施	01	给水排水设计总说明	A1+1/2
2	水施	02	设备、材料表、图纸目录	A1+1/2
3	水施	03	一层给排水平面图	A1+1/2
4	水施	04	二层给排水平面图	A1+1/2
5	水施	05	三~五层给排水平面图	A1+1/2
6	水施	06	屋顶层给排水平面图	A1+1/2
7	水施	07	一层自动喷水灭火系统平面图	A1+1/2
8	水施	08	二层自动喷水灭火系统平面图	A1+1/2
9	水施	09	三~五层自动喷水灭火系统平面图	A1+1/2
10	水施	10	给排水大样图、接管轴侧图	A1+1/2
11	水施	11	给水系统、消火栓系统原理图	A1+1/2
12	水施	12	排水系统、自动喷水灭火系统原理图	A1+1/2

图1-35 门诊楼—给排水图纸目录

(1) 水施02设备、材料表、图纸目录

1) 关注管道管材信息、管道连接方式。

2) 关注排水管道的坡度设置。

3) 关注图例表。

(2) 水施03~06给排水平面图

1) 关注卫浴装置的规格类型和安装位置。

2) 关注生活给水系统、消火栓给水系统、排水系统的管道直径、高程和路径。

3) 关注管道附件的种类和规格。

建筑设备与识图

(3) 水施 07~09 自动喷水灭火系统平面图

1) 关注自动喷水灭火系统的管道直径、高程和路径。

2) 关注喷头的位置和安装高度。

3) 关注水泵接合器、蝶阀、减压孔板、信号蝶阀、水流指示器、截止阀、末端试水装置的位置。

(4) 水施 10 给排水大样图、接管轴侧图。

(5) 水施 11~12 原理图。

1) 关注各系统的竖向路径。

2) 关注各立管编号、直径和标高信息。

5. 给水系统施工图识读

门诊楼-给排水图纸从水施 01 到水施 12 共计 12 张图纸,对应图纸详见图纸目录。在给水专业建模时,需要关注以下图纸信息。

(1) 水施 02 设备、材料表、图纸图例表,如图 1-36 所示。

图例及主要材料表			
图例	名称	图例	名称
消防器械		系统附件	
▬	单栓消火栓	⊤	普通龙头
▲	手提式灭火器	⌐	洗面器龙头
Y	水泵接合器	⌐	淋浴器
⊖	吊顶型喷头	∪	存水弯
管道		⌐	蹲便器排水
——J——	给水管	↑	通气帽
------	生活排水管	H	检查口
——F——	废水管	⊙ Y	地漏
——X——	消火栓给水管	⌐	坐便器
——ZP——	喷淋给水管		
		卫生洁具	
阀门仪表附件		⌐	洗脸盆、洗手盆
⋈ ⏋	截止阀	⊠	拖布池
⋈	蝶阀	⌐	小便器
⏋	自动排气阀	⌐	蹲便器
⊖	水表	⌐	淋浴器
⏋	压力表		

图 1-36 图纸图例表

(2) 水施 02 设备、材料给水管道管材信息、管道连接方式,如图 1-37 所示。

(3) 水施 03~06 给排水平面图。以水施 03 一层给排水平面图为例讲解识图内容。

第1章 建筑给水系统

五、施工说明
1 管材及接口
1.1 生活给水管道：生活给水干管及立管采用钢塑复合管，当管径DN≤65时，丝扣连接；当管径DN>65时，卡箍连接；室内给水支管采用PP-R（S5级），热熔连接；埋地管采用内外涂塑钢管，丝扣连接。

图 1-37 水施02设备、材料等信息

1) 关注给水管道水平管（绿色）的走向，如图1-38所示。

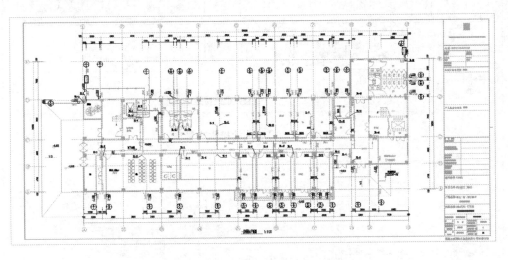

图 1-38 给水管道水平管（绿色）走向

2) 关注干管的编号、直径和安装高：分别为 ⊕ 和 ⊕。其中 ⊕ 干管直径DN80，标高-1.4 m；⊕ 干管直径DN65，标高-1.4 m。

3) 关注一层给水支管的直径和标高，支管管径最大DN 40，最小DN 15，标高4.5 m。

4) 关注立管的编号。如图1-39所示，一层有JL-1、JL-2、JL-Y3a、JL-S1四根立管。

(4) 水施11给水系统、消火栓系统原理图。关注各立管编号、直径和标高信息。本项目共有立管15根，其中一层有JL-1、JL-2、JL-S1这3根立管从埋地干管自下而上输送自来水；其他立管均是从屋顶干管自上而下输送生活用水，如图1-39所示。

(5) 水施10给排水大样图、接管轴侧图，如图1-40所示。本项目共有4种类型卫生间，关注各类型卫生间给排水大样图中各给水管道的水平位置；关注轴测图中各管段管径和安装高度。图1-40为一层公共卫生间大样图和轴测图。

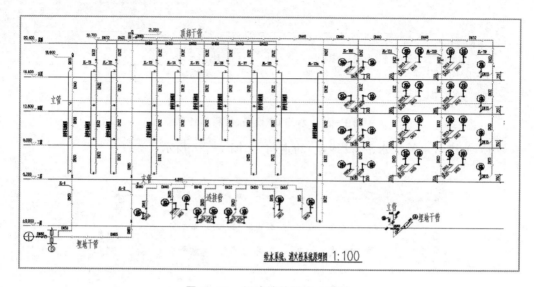

图 1-39 门诊楼给排水立管图

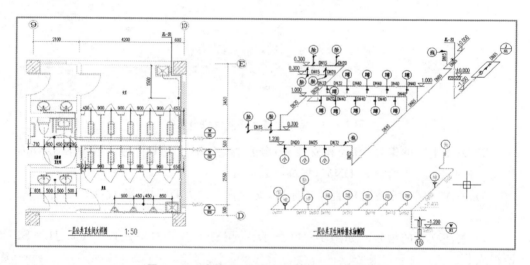

图 1-40 水施 10 给排水大样图、接管轴侧图

1.3.2 给水系统 BIM 建模

1. 绘制水平管

【任务说明】

在 Revit 软件中打开"门诊楼项目机电模型中心文件"项目文件,根据给排水施工图纸,完成给水管道水平管道 的绘制。

【任务目标】

① 学习水平管道的绘制方法。

② 学习水平管道管道类型、管道系统、直径和偏移量的设置方法。
③ 学习"弯头"与"三通、四通"之间的转换方法。

【任务分析】
根据水施 03"一层给排水平面图"确定埋地干管的编号、平面位置、标高和管径信息;埋地干管⊕位于 1 轴交 E 轴处,其直径为 DN 80、DN 65 和 DN 50,标高 −1.4 m,如图 1−41 所示;查看水施 11"给水系统、消火栓系统原理图",核对埋地干管的编号、标高和管径信息,如图 1−42 所示。

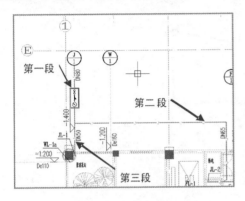

图 1−41 埋地干管管径标高

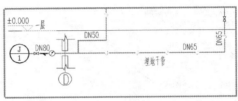

图 1−42 埋地干管信息校对

【任务实施】
下面以一层生活给水埋地干管⊕为例分段讲解水平管的绘制方法。
(1) 在"项目浏览器"单击"一层给排水"平面视图。
(2) 在用户界面下方"状态栏"的右侧单击"工作集"下拉列表,选择工作集为"给排水",如图 1−43 所示。

图 1−43 选择工作集

(3) 绘制⊕干管第一段。在绘制管道之前,一定要先设置管道的属性,包括管道类型、系统类型、管径、偏移量、坡度等。
1) 单击"系统"选项卡→"卫浴和管道"→"管道"命令,如图 1−44 所示。
2) "属性"窗口选择"埋地管(内外涂塑钢管)"管道类型,系统类型选择"生活给水系统",如图 1−44 所示。
3) 选项栏位置"直径"选择 80 mm,"偏移量"输入"−1 400",如图 1−45 所示。
4) 在"修改|放置管道"选项卡"带坡度管道"面板中选择"禁用坡度"。
5) 依次单击端点①、端点②,绘制水平管道,如图 1−46 所示。
6) 按"Esc"键退出管道绘制命令。

图 1-44　单击系统选项卡

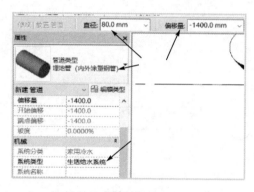

图 1-45　选择直径和偏移量

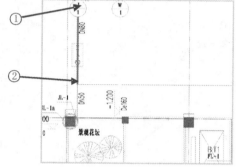

图 1-46　绘制水平管道

(4) 绘制⊕干管第二段。

1) 输入管道绘制命令快捷键。

2) 选项栏位置"直径"选择"65 mm",其他属性设置同步骤3"⊕干管第一段"。

3) 鼠标移动至"⊕干管第一段"与"第二段"的交点处(端点②),识别并单击管道端点②,如图1-47所示。

4) 依次单击端点③、端点④、端点⑤、端点⑥,如图1-48所示。

5) 按"Esc"键退出管道绘制命令。

(5) 绘制⊕干管第三段。

1) 单击选中"端点②"处弯头,单击下方"+",如图1-49所示;生成"三通",如图1-50所示。

2) 输入管道绘制命令快捷键。

3) 在选项栏位置"直径"中选择"50 mm",其他属性设置同步骤5"⊕干管第一段"。

4) 将鼠标左键放置如图"三通"处(端点②),出现"三通"的"连接端点"时,单击,如图1-51所示。

第1章 建筑给水系统

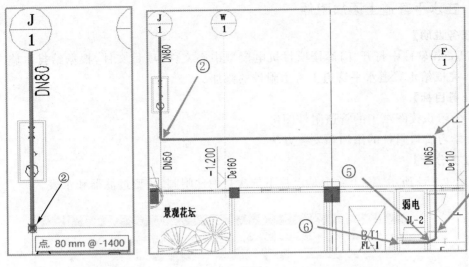

图1-47 识别端点　　　　　　　图1-48 单击各端点

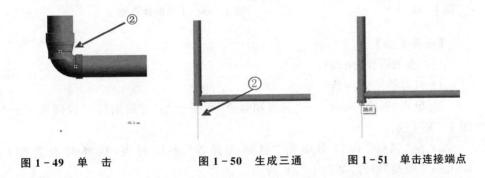

图1-49 单击　　　　图1-50 生成三通　　　图1-51 单击连接端点

5）单击"端点⑦",如图1-52所示,按"Esc"键退出管道绘制命令,结果如图1-53所示。

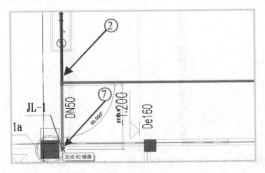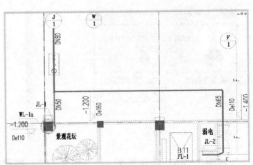

图1-52 单击端点⑦　　　　　　　图1-53 完成绘图

2. 在水平管道上添加附件

【任务说明】

在 Revit 软件中打开"门诊楼项目机电模型中心文件"项目文件,根据给排水施工图纸,完成给水管道水平管道上管道附件的添加。

【任务目标】

① 学习识读图纸上的管道附件图例。
② 学习管道附件的添加和安装方法。

【任务分析】

如图 1-54 所示,干管上从上往下依次是附件闸阀、Y 型过滤器和水表。

图 1-54

图 1-55 干管配件页面

【任务实施】

(1) 添加附件"闸阀"。

1) 打开管道附件族。

2) 单击"系统"选项卡→"卫浴和管道"面板→"管路附件"(快捷键 P+A),如图 1-55 所示。

3) 在"属性"窗口中单击"类型选择器"下拉列表,选择对应类型(直径 80 mm)"闸阀"附件,如图 1-56 所示。

4) 将"闸阀"移至管道对应的位置上,管道中心线变成深色,如图 1-57 所示;单击管段的中心线,将附件连接到管段,如图 1-58 所示。

图 1-56 选择类型　　图 1-57 移动闸阀　图 1-58 单击管中线　图 1-59 添加附件

(2) 按照同样的方法添加附件"Y 型过滤器"和"水表",如图 1-59 所示。

(3) 按住"Ctrl"件依次单击选中"闸阀""Y 型过滤器"和"水表",输入"BX",打开

第1章 建筑给水系统

三维视图,如图1-60所示。

(4) 输入"WT",可平铺"一层给排水"平面视图和三维视图,如图1-61所示。

图1-60 打开三维视图

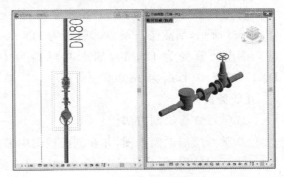

图1-61 平铺视图

3. 绘制立管

【任务说明】

在Revit软件中打开"门诊楼项目机电模型中心文件"项目文件,根据给排水施工图纸,完成给水管道立管JL-1的绘制。

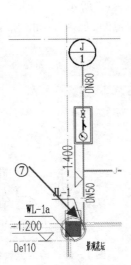

图1-62 给水立管(1)

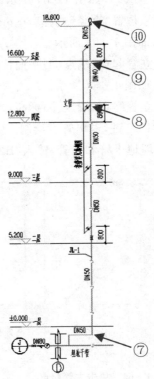

图1-63 给水立管(2)

【任务分析】以给水立管 JL-1 为例(图 1-62 和图 1-63)讲解立管的绘制方法。根据水施 03"一层给排水平面图"确定埋地干管的编号、平面位置,JL-1 立管位于 1 轴交 D 轴处;根据水施 11"给水系统、消火栓系统原理图"查看立管的标高。如图 1-63 所示,端点⑦—端点⑧管径为 DN 50,端点⑧标高为 12800+800mm;端点⑧—端点⑨管径为 DN 40,端点⑨标高为 16600+800 mm;端点⑨—端点⑩为 DN15,端点 10 标高为 18 600 mm。

【任务目标】
① 学习立管绘制方法。
② 学习绘制剖面视图,并在剖面视图中编辑立管。
③ 学习使用"拆分图元"命令添加管道连接件。

【任务实施】
(1) 在"项目浏览器"单击"一层给排水"平面视图。
(2) 在该平面视图中绘制 JL-1 立管端点⑦—端点⑧。

1) 输入快捷键。
2) "属性"窗口系统类型选择"生活给水系统",管道类型选择"生活给水干管及立管(钢塑复合管)",如图 1-64 所示。
3) 选项栏位置"直径"选择"50 mm",输入立管起点(端点⑦)标高:"偏移量"输入"-1400",如图 1-64 所示。
4) 单击立管起点(端点⑦)平面位置:鼠标移至端点⑦,出现管道端点符号后,单击"端点⑦",如图 1-64 所示。
5) 输入立管终点(端点⑧)标高:"偏移量"输入"12 800+800=13 600",双击"应用",按两下"Esc"键,退出管道绘制。完成后如图 1-65 所示。
6) 选中埋地干管和立管,输入"BX",查看三维视图,如图 1-66 所示。

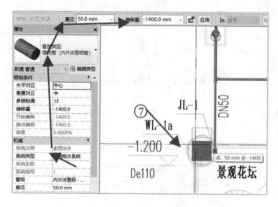

图 1-64 单击立管起点

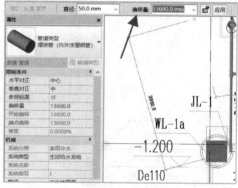

图 1-65 输入立管终点

(3) 利用"修剪/延伸为角"命令连接干管和立管。

第1章 建筑给水系统

1)在三维视图中检查立管和水平管弯头管件是否生成,如图1-67所示。
2)在三维视图中,单击"修改"选项卡→"修改"面板→(修剪/延伸到角部)。
3)依次单击,选择立管和干管,则可生成管件弯头。
(4)绘制剖面视图。
1)在"项目浏览器"中,单击"一层给排水"平面视图。
2)单击"视图"选项卡→"绘制"面板→ (剖面),如图1-68所示。

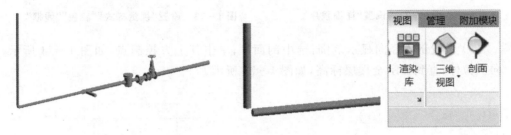

图1-66 选中埋地干管和立管 　　图1-67 检查有无生成 　　图1-68 单击剖面

3)用鼠标单击剖面的起点和终点,如图1-69所示。
4)用鼠标单击剖面,右键选择"转到视图",如图1-70~1-71所示。

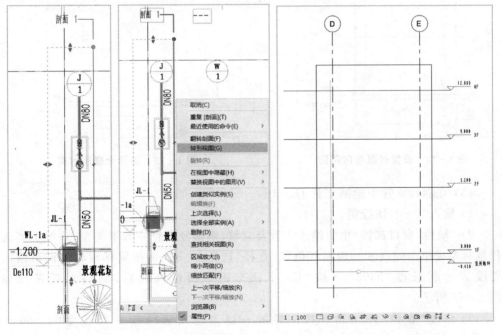

图1-69 单击起点和终点 　　图1-70 单击剖面 　　图1-71 转到视图

5)在视图控制栏,设置"详细程度"为"精细",如图1-72所示;设置"视觉样式"为"着色"或者"线框",如图1-73所示。

图 1-72 设置"详细程序"　　　　图 1-73 设置"视觉样式""着色""线框"

6) 设置剖面竖向显示范围:选中剖面框,单击其上方控制点,如图 1-74 所示,向上拉伸,直到显示全楼层标高,如图 1-75 所示。

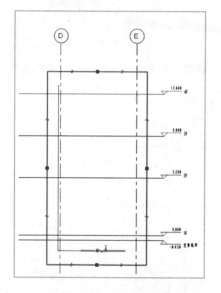

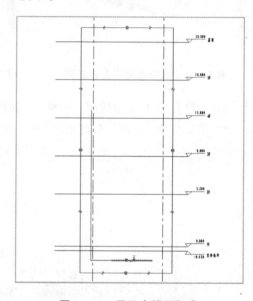

图 1-74 设置剖面竖向范围　　　　图 1-75 显示全楼层标高

(5) 在剖面立管中绘制立管 JL-1⑧—⑨和⑨—⑩段。

1) 输入"P+I"快捷键。

2) "属性"窗口选择"生活给水干管及立管(钢塑复合管)"管道类型,系统类型选择鼠标左键单击端点⑧→选项栏位置"直径"选择 40 mm→按鼠标滚轮→键盘输入管段⑧—⑨长度"3800"→按"Enter 回车键",属性修改后,剖面立管显示如图 1-76 所示。

3) 修改"直径"15 mm→按滚轮键→键盘输入管段⑨—⑩长度"2 000 = 18 600 - 16 600"→按"Enter 回车键"→按"Esc 键"退出管道绘制命令,直径修改后的立管视图如图 1-77 所示。

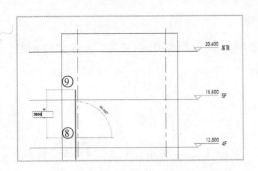 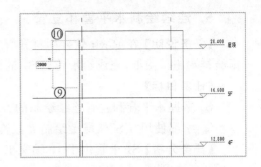

图 1-76 选择属性　　　　　　　图 1-77 修改直径

4. 在立管上添加管道附件

【任务说明】在 Revit 软件中打开"门诊楼项目机电模型中心文件"项目文件,根据给排水施工图纸,完成给水管道立管附件的添加。

【任务分析】根据水施 11"给水系统、消火栓系统原理图",JL-1 立管上在标高处有一个闸阀,在标高 18.6 m 处有一个排气阀。

【任务目标】学习在立管上添加管道附件。

【任务实施】

(1) 单击"系统"选项卡→"卫浴和管道"面板→ "管路附件"(快捷键 P+A)。

(2) 在"属性"窗口中单击"类型选择器"下拉列表,选择"排气阀"附件。

(3) 将"排气阀"移至管道对应的位置上,识别到管道端点(图 1-78)并单击,完成,如图 1-79 所示,将"排气阀"颜色设置为和给水系统的深色。

图 1-78 识别管道端点　　图 1-79 设置颜色

(4) 同样步骤完成"闸阀"添加。

5. 连续绘制水平管和立管

【任务说明】在 Revit 软件中打开"门诊楼项目机电模型中心文件"项目文件,根据给排水施工图纸,完成给水管道 S1 的绘制。

【任务目标】
① 掌握水平管和立管连续绘制的方法。
② 学习使用"CS"快捷键绘制类似管道。

【任务分析】S1 干管位于 10 轴交 E 轴处,如图 1-80 所示;其直径 DN65,标高 -1.4 m,如图 1-81 所示。

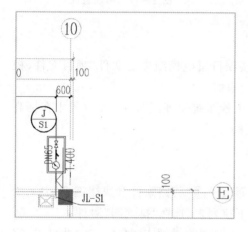

图 1-80 干管位置设置

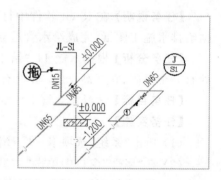

图 1-81 干管直径标高信息设置

【任务实施】

(1) 在"项目浏览器"单击"一层给排水"平面视图。

(2) 选中绘制好的管道②—③,输入绘制类似图元快捷键"CS",绘制类似管道。

(3) 检查并确保选项栏位置直径"65 mm",偏移量"-1400"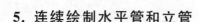。

(4) 鼠标左键依次单击端点 11、端点 12。

(5) 修改属性窗口管道类型为"生活给水干管及立管(钢塑复合管)"。

(6) 选项栏位置"偏移量"为端点 13 标高"0",如图 1-82 所示。

(7) 双击应用,自动生成立管 JL-S1,选中图中管线,输入"BX",查看三维视图,如图 1-83 所示。

(8) 创建给水系统模型的步骤主要分为六步:第一步,设置生活给水管道类型;第二步,设置生活给水系统类型;第三步,绘制水平管;第四步,在水平管道上添加附件;第五步,绘制立管;第六步,在立管上添加管道附件。

第 1 章 建筑给水系统

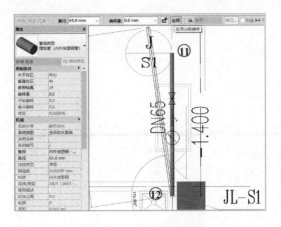

图 1-82 选择偏移量

图 1-83 查看视图

第 2 章

建筑排水系统

2.1 基础知识

2.1.1 建筑排水系统的分类

建筑内部的排水系统根据接纳的污、废水的性质,可以分为以下三类:

1. 生活排水系统

生活排水系统用以排放人们日常生活中所产生的生活污水(粪便污水)和生活废水(盥洗、沐浴、洗涤以及空调凝结水等)。

2. 生产排水系统

生产排水系统用以排放工业生产过程中产生的污水和废水。其中,生产废水是指未受污染或受轻微污染以及水温稍有升高的水(如循环冷却水)。生产污水是指在生产过程中被污染的水。

3. 雨、雪水排水系统

雨、雪排水系统用以排放建筑物屋面上的雨水和雪水的排水系统。

2.1.2 排水体制

建筑内部的排水体制是指建筑内部排水管道系统的布置方案,排水体制的选择取决于污、废水性质、污染程度、室外排水的排水体制、污废水的处理和再利用要求等因素。建筑物内部最基本的排水体制有以下两种:

(1) 分流制

分流制指用不同管道(渠)系统分别收集和输送各种污水、雨雪水和生产废水的排水方式。

(2) 合流制

合流制指用同一管道(渠)系统收集和输送所有污(废)水的排水方式。

分流制的优点是有利于污水和废水的分别处理和再利用；合流制的优点是系统简单，工程总造价比分流制少。排水体制的选择由设计确定。

2.1.3 排水系统的组成

一般建筑物内部排水系统由下列各部分组成，如图2-1所示。

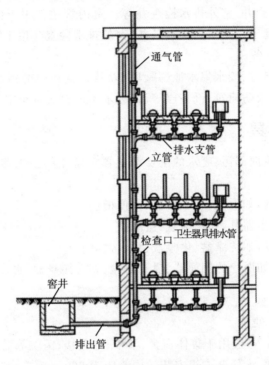

图2-1 建筑内排水系统

(1) 污、废水受水器

污、废水受水器指各种卫生器具、收集工业生产污、废水的设备及雨水斗等。

(2) 排水管道

排水管道包括卫生器具排水管、排水横支管、排水立管、排水横干管与排出管等。

卫生器具排水管指连接卫生器具的排水管段。除自带水封的坐式大便器和部分地漏、蹲式大便器，器具排水管上均应设水封装置(存水弯)，以防止排水管道中的有害气体及蚊蝇昆虫进入室内。

排水横支管指连接卫生器具排水管至排水立管的水平排水管段。

排水立管指承接各层横支管的污水并排至横干管或排出管的垂直排水管段。

排水横干管指连接若干根排水立管至排出管的水平排水管段。

排出管指建筑物内至室外检查井（又称窨井）的排水横管管段。

（3）通气管

通气管又称透气管，有伸顶通气管、专用通气立管、环形通气管等几种类型。通气管是与大气相通的管道，其作用是使排水系统内空气流通，排出管道中的有害气体，平衡管内压力，防止水封破坏，保证水流畅通。

（4）清通设备

清通设备指排水管道系统中，用于疏通管道的配件或构筑物，常见的有检查口、清扫口、室内排水检查井、室外排水检查井等。室内管道常用于检查口和清扫口，较长的室内埋地敷设管道可用室内检查口井，室外排水检查井用于室外埋地排水管道。

（5）污水提升设备

污水提升设备指污、废水集水池（井、坑）以及设置在内的污水抽升设备，常用于民用建筑的地下室、人防建筑、设备层等污、废水不能自流排至室外的场所。

2.1.4 卫生器具

卫生器具是建筑内部污、废水的主要收集器。常用的卫生器具按其用途可分为以下四类：

便溺用卫生器具，如大便器、小便器、大便槽。

盥洗、沐浴用卫生器具，如洗脸盆、盥洗槽。

洗涤用卫生器具，如洗涤盆、化验盆、污水盆等。

专用卫生器具，如医疗的倒便器、婴儿浴盆、妇女净身盆、水疗设备及饮水器等。

1. 便溺器具

（1）大便器及大便槽

1）蹲式大便器。一般用于集体宿舍、学校、办公楼、医院等需要防止接触传染的公共卫生间内。通常，大便器成组安装的中心距为 900 mm。

蹲式大便器有不带存水弯和带存水弯两种，因器具尺寸不规则，无法预埋，故一般安装在地板上的平台内。蹲式大便器可采用水箱、感应式冲洗阀、带真空破坏器的延时自闭式冲洗阀进行冲洗。图 2-2 所示为蹲式大便器外形。

2）坐式大便器。一般用于住宅、宾馆等卫生间内，采用低位水箱冲洗。坐式大便器带有存水弯。按冲洗原理及构造可分为冲洗式和虹吸式两类。坐便器外形种类繁多，图 2-3 为部分坐式大便器外形图。坐式大便器可用分体式、连体式、壁挂式低位水箱冲洗，也可采用专用延时自闭式冲洗阀冲洗。后出水坐便器便于排水管道的同层布置。

3）大便槽。大便槽一般用于建筑标准不高的公共建筑或公共厕所内。大便槽可采用集中冲洗水箱或红外数控冲洗装置冲洗。大便槽槽宽一般为 200～250 mm，

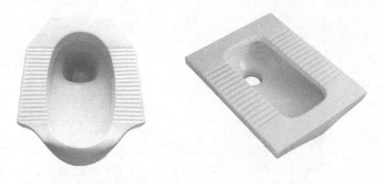

图 2-2 蹲式大便器外形

图 2-3 部分坐式大便器外形

起端槽深为 350~400 mm,槽底坡度不小于 0.015,大便槽末端应设高出槽底 15 mm 的挡水坝,在连接排水口的器具排水管道处应设水封装置。

(2) 小便器及小便槽

1) 小便器。小便器一般用于机关、学校、旅馆等公共建筑的男卫生间内。

小便器有不带存水弯和带存水弯两种。外形根据建筑物的性质、使用要求和标准,可选用立式小便器或挂式小便器,小便器常成组设置,中心距为 700 mm。

小便器常采用自闭式冲洗阀或感应式冲洗阀冲洗,图 2-4 为挂式小便器和立式小便器外形。

2) 小便槽。小便槽一般用于工业企业、公共建筑、集体宿舍等建筑标准不高的公共厕所的男卫生间内,具有造价低、同时供多人使用、管理方便等特点。小便槽采用手动截止阀控制的多孔冲洗管或自动冲洗水箱连接的多孔冲洗管进行冲洗。

2. 盥洗、沐浴器具

(1) 洗脸盆

洗脸盆设置在盥洗间、浴室、卫生间,材料一般为陶瓷、玻璃等。

图 2-4　小便器外形

洗脸盆按其安装方式分为背挂式、立柱式、台式(包括台上式、台下式)三种。其外形有长方形、半圆形、椭圆形和三角形等,如图 2-5 所示。

图 2-5　洗脸盆

(2) 盥洗槽

盥洗槽一般设置在工厂生活间、集体宿舍等建筑标准不高的公共盥洗室内。盥洗槽为现场砌筑的卫生器具,常用的材料为瓷砖、水磨石。形状有长条形和圆形。长方形盥洗槽的槽宽一般为 500～600 mm,槽上配水龙头的间距为 700 mm;槽内靠墙的一侧设有泄水沟,槽长在 3 m 以内时可在槽的中部设一个排水栓,超过 3 m 应设两个排水栓。

(3) 浴　　盆

通常,浴盆设在住宅、宾馆等建筑的卫生间及公共浴室内。浴盆外形一般以长方形为主,材质有钢板搪瓷、亚克力、人造大理石、铸铁搪瓷、玻璃、木制等。根据不同的功能和外形分为裙板式、扶手式、冲浪按摩式、普通式等,常见浴盆如图 2-6 所示。

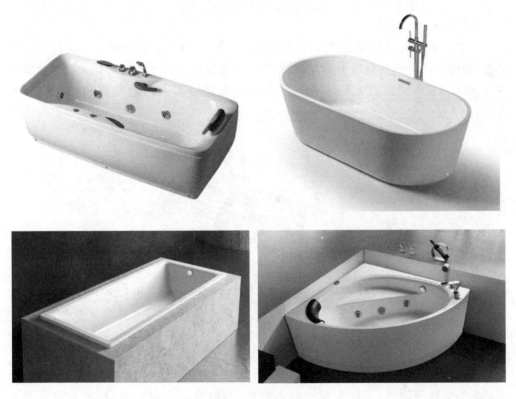

图 2-6　浴　　盆

(4) 淋浴器

淋浴器一般设置在工业企业生活间、集体宿舍的卫生间、体育场和公共浴室内。淋浴器具有占地面积小、设备费用低、耗水量小、清洁卫生等优点。淋浴器成组安装的距离为 900～1 000 mm,莲蓬头距地面高度为 2 000～2 200 mm,设置淋浴器的浴室地面应有 0.005～0.01 的坡度坡向排水口。淋浴器按配水阀门的不同,分为普通式淋浴器、脚踏式淋浴器、光电式 淋浴器等。

当淋浴器安装在淋浴房内时，按照配套的功能和装置不同分为整体淋浴房和简易淋浴房，简易淋浴房没有"房顶"，其基本构造是底盘加围栏。整体淋浴房有房顶，除淋浴装备外还有取暖器、带按摩功能和桑拿功能的设备等，功能较多、款式丰富、价格较高。

3. 洗涤器具

（1）洗涤盆

洗涤盆安装在住宅厨房和公共食堂的厨房内，供洗涤蔬菜、食品、碗筷使用。材质有不锈钢、钢板搪瓷、亚克力、陶瓷等。洗涤盆按其安装方式分为墙挂式、柱脚式、台式三种；按其配水方式可分为冷水龙头、混合水龙头、脚踏龙头等；按其盆体构造又可分为单格、双格等。图2-7所示为墙挂式单格洗涤盆和台式双格洗涤盆。

（2）污水盆

污水盆安装在公共卫生间内，供打扫卫生、洗涤拖把、倾倒污水使用。材质有水磨石、瓷砖贴面的钢筋混凝土制品、陶瓷等。污水盆按其构造可分普通式和附盆背式两种，图2-8为附盆背式污水盆。污水盆的安装可采取落地安装和壁挂安装等方式。

图2-7 墙挂式单格洗涤盆和台式双格洗涤盆　　图2-8 附盆背式污水盆

4. 水封装置与地漏

（1）存水弯

存水弯是设置在卫生器具、生产污（废）水受水器泄水口下方的排水附件（自带存水弯的卫生器具除外）。存水弯一般由铸铁、塑料或不锈钢制成，按外形可分为P型、S型和瓶型，其常用规格有DN50、DN75、DN100等。图2-9所示为几种存水弯类型。在存水弯弯曲的管段内存有不小于50 mm深的水，称作水封，其作用是隔绝和防止排水管道内产生的臭气、有害气体和小虫等通过卫生器具进入室内，污染环境。

（2）地　漏

地漏主要设置在公共厕所、浴室、盥洗室、卫生间、厨房及其他需要从地面排水的

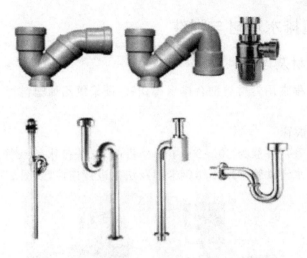

图 2-9　存水弯

房间内,用以排除地面积水。地漏一般用铸铁、塑料或不锈钢制成,如图 2-10 所示。按其构造可分为:

直通式地漏:指排除地面积水,且出水口垂直向下的无水封地漏。

实用型地漏:指用于地面排水,并兼有其他功能或安装形式的特殊地漏。

密闭型地漏:指带有密封盖板的地漏,其盖板具有需排水时可人工打开,不需排水时可密闭的功能,其内部结构分有水封和无水封两种形式。

带网框地漏:指内部带有活动网框,可用来拦截杂物并可取出倾倒的地漏,其内部结构分有水封和无水封两种形式。

防溢地漏:指具有防止废水在排放时冒溢出地面功能的有水封地漏。

图 2-10　地　漏

多通道地漏:指可同时接纳地面排水和 1~2 个器具排水的有水封地漏。

侧墙式地漏:指垂直方向安装,且具有侧向排除地面积水功能的无水封地漏。直埋式地漏可直接安装在垫层,且排出管不穿越楼层的地方。

2.1.5 建筑排水管材与附件

1. 排水管材及连接

建筑排水工程常用管材类型有排水铸铁管、硬聚氯乙烯塑料管、塑料双壁波纹管及混凝土管。

(1) 排水铸铁管

排水铸铁管管径一般为 50~200 mm。目前,球墨排水铸铁管多用于室内排水系统中。球墨排水铸铁管常用不锈钢卡箍及法兰进行连接,如图 2-11 所示。

图 2-11 球墨排水铸铁管卡箍连接、法兰连接

(2) 硬聚氯乙烯塑料(UPVC、PVC-U)管

硬聚氯乙烯塑料管具有优良的化学稳定性、耐腐蚀性。其主要优点是物理性能好、质轻、管壁光滑、水头损失小、容易加工及施工方便等。目前,我国建筑行业中广泛用它做生活污水、雨水的排水管,硬聚氯乙烯塑管也可用作酸碱性生产污水、化学实验室的排水管。由于硬聚氯乙烯塑料管在高温下容易老化,因此它适用于建筑物内连续排放温度不大于 40 ℃、瞬时排放温度不大于 80 ℃的污水管道。硬聚氯乙烯塑料管为聚氯乙烯管粘结而成,如图 2-12 所示。

(3) 聚氯乙烯(PVC)、高密度聚乙烯(HDPE)双壁波纹管

双壁波纹管采用直接挤出成型,管壁纵截面由两层结构组成,外层为波纹状,内层光滑,该管材有较好的承受外荷载的能力。管材按环刚度分级分为 S0、S1、S2、S3 四级,环刚度分别为 2 kN/m²、4 kN/m²、8 kN/m²、16 kN/m²。采用热熔、承插、不锈钢卡箍连接如图 2-13 所示。

图 2-12 UPVC 管黏结连接

图 2-13 HDPE 管不锈钢卡箍连接

(4) 混凝土管

混凝土管分为素混凝土管、普通钢筋混凝土管、自应力钢筋混凝土管和预应力混凝土管四类。按混凝土管内径的不同,可分为小直径管(内径 400 mm 以下)、中直径管(400～1 400 mm)和大直径管(1 400 mm 以上)。按管承受水压力的不同,可分为低压管和压力管,压力管的工作压力一般有 0.4 MPa,0.6 MPa,0.8 MPa,1.0 MPa,1.2 MPa 等。其接口形式有水泥砂浆抹带接口、钢丝网水泥砂浆抹带接口、水泥砂浆承插和橡胶圈承插等。

2. 排水管道附件

(1) 清扫口与检查口

1) 检查口是一个带有盖板的开口配件,拆开盖板即可进行管道疏通,如图 2-14(a)所示。检查口通常设置在立管上,检查口在立管上的设置数量由设计确定,检查口安装的中心高度距操作地面一般为 1.0 m,检查口的朝向要便于检修。暗装立管,在检查口处应安装检修门。

2) 清扫口是设置在排水横管上的一种清通装置。图 2-14(b)为清扫口外观图。端部清扫口与管道相垂直的墙面距离不得小于 150 mm,若在横管的始端设置堵头代替清扫口时,其与墙面距离不得小于 400 mm。

(a) 检查口

(b) 清扫口

图 2-14 检查口与清扫口

(2) 阻火装置

在高层建筑中,为防止塑料排水管材受高温熔化后引起的火灾贯穿蔓延,DN100 mm 的塑料排水管在穿越楼面、防火墙、管井时,要求设置耐火极限不宜小于管道贯穿部位建造构件的耐火极限的阻火装置。阻火装置有阻火圈和防火套管两种类型。

阻火圈的外形、构造和安装如图 2-15 所示。

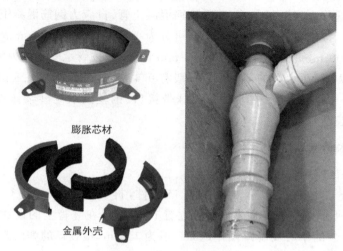

图 2-15 阻火圈

（3）消能装置

高层建筑中的排水立管高度大，水流落差大，水的流动速度大。由此造成的水流噪声也相应增大（塑料管由于自重小，噪声弊端尤其明显）。为减少这部分能量，在排水立管中每隔 6 层左右应设置消能装置。

（4）伸缩节

塑料排水管材的线膨胀系数较大，管材热胀冷缩时产生的热应力容易造成排水管网的漏水和损坏。因此，需要在塑料排水立管和较长的排水横管上设置伸缩节，用于补偿、消除管道热胀冷缩应力，防止管道漏水与损坏。硬聚氯乙烯（UPVC）管伸缩节的外形和安装位置及相关要求如图 2-16 所示。

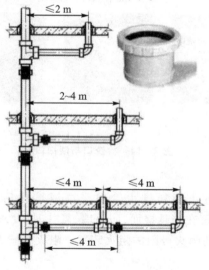

图 2-16 伸缩节及伸缩节的安装

(5) 通气帽

通气帽安装在排水通气管的顶部,用以维持排水立管内部与室外大气的贯通,并防止异物进入排水管道。通气帽有伸顶通气帽和侧墙式通气帽之分。

伸顶通气帽用于排水管道允许伸出屋面的情况,设置在排水立管或通气立管的顶部。侧墙式通气帽用于排水管道不允许伸出屋面的情况,设置在建筑物侧墙与大气连通的场所。图 2-17 所示为几种伸顶通气帽外形。

图 2-17 几种伸顶通气帽

2.1.6 通气系统

卫生器具排水时,排水立管内的空气由于受水流的抽吸或压缩,管内气流会产生正压或负压变化,这个压力变化幅度如果超过了存水弯水封深度就会破坏水封。因此为了平衡排水系统中的压力,就必须将通气管与大气相通,以泄放正压或通过补给空气来减小负压,使排水管内气流压力接近大气压力,保护卫生器具水封使排水管内水流畅通,并可将排水管道中污浊的有害气体排至室外。排水系统通气立管设置情况如下:单立管排水系统。只有 1 根排水立管,不设专门通气立管的系统。双立管排水系统。也叫作双管制排水系统,由 1 根排水立管和 1 根通气立管组成。三立管排水系统。也叫作三管制排水系统,由 1 根生活污水立管、1 根生活废水排水立管和 1 根通气立管组成。

目前,国内外建筑中经常采用的通气系统有下列几种形式:

(1) 仅设伸顶通气管的排水系统

仅设伸顶通气管的排水系统把污水排水管顶端伸至室外(一般屋面)通气,这种污水排水系统在实际工程中应用最为广泛,如图 2-18 所示。

(2) 设专用通气管的排水系统

通气管根据设置的位置、形式、作用和要求的不同通常又分为专用通气管、环形通气管和器具通气管等形式。设专用通气管的排水系统在特殊场所或标准高的多层建筑和高层建筑中使用,如图 2-19 所示。

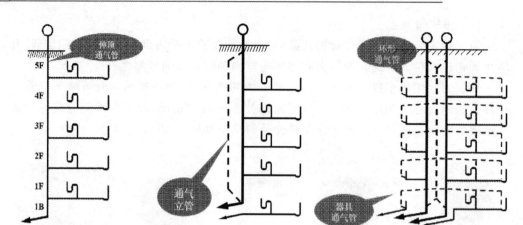

图2-18　仅设伸顶通气管的
排水系统(单立管)

图2-19　设专用通气管的
排水系统(双立管、三立管)

（3）不通气排水系统

这种系统主要用在底层的单独排水系统或没有条件设置伸顶通气管的场所,如图2-20所示。

（4）采用特殊部件或特殊配件的排水系统

这种排水系统由于采取特殊的技术措施,大大改善了排水系统的排水能力,具有简单、节约、高效的特点,一般在高层建筑排水系统中使用,如图2-21所示。

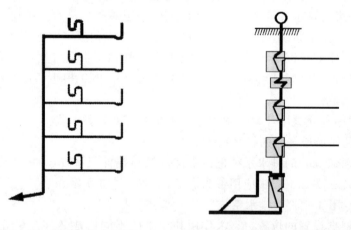

图2-20　不通气排水系统

图2-21　特殊部件或配件排水系统

2.1.7　污、废水的局部处理与提升

1. 污、废水的局部处理

在建筑内部污水水质未达到国家规定的《污水排入城镇下水道水质标准》

CB/T 31962—2015 时，未经处理不允许直接排入市政排水管网或水体，应设置局部处理构筑物予以处理，如化粪池、隔油池、降温池、沉砂池、消毒池等。

(1) 化粪池

粪便污水含有大量的杂质、纸屑等悬浮物和病原体，易使管道堵塞、细菌繁殖而影响环境。化粪池是较简单的利用沉淀和厌氧发酵原理去除生活污水中悬浮性有机物的最低级处理构筑物。污水在化粪池中停留 12～24 h 后，池中的悬浮物去除率达 60% 左右；沉于池底的悬浮物在池中贮存 90 d 以上的时间，通过自然发酵、脱水、熟化后，使污水中的污泥浓缩，污水中的细菌及病毒去除率达 25%～75%。因此，目前化粪池仍是我国广泛采用的一种分散、过渡性的污水处理设施。

化粪池一般用砖或钢筋混凝土砌筑，外形有圆形和矩形两种，对于矩形化粪池，按其构造有双格和三格之分。双格化粪池第一格的容量为总容量的 75%，三格化粪池第一格的容量为总容量的 60%，其余两格的容量各为总容量的 20%。化粪池应设在室外，外壁距建筑物外墙不宜小于 5 m，且不得影响建筑物基础；化粪池外壁距地下水取水构筑物外壁宜有不小于 30 m 的距离。

(2) 隔油池

隔油池是含油污水的除油装置，常用于防止公共食堂和饮食业含有植物油和动物油脂的污水 凝固附着在排水管道壁面上，致使管道过水断面减小或堵塞；防止含有少量汽油、柴油等轻质油的汽车修理、清洗行业的污水进入排水管道后，产生挥发性气体，危害人身安全。

除油装置还可以回收废油脂，变废为宝。为了便于积留下来油脂的重复利用，粪便污水和其他污水不得排入隔油池内。

(3) 降温池

当排水水温高于 40 ℃时，会产生大量的气体，给排水管道的维护管理和管道的接口、密封以及使用寿命带来影响。温度高于 40 ℃的废水，应在排入城市排水管道之前通过降温池作降温处理。

(4) 沉砂池和消毒池

沉砂池用于沉淀污水中粗大颗粒杂质，防止颗粒杂质进入排水管道，沉淀后造成堵塞。消毒池用于处理医院的含病原体的污、废水，对医院排放的污、废水进行消毒处理。

2. 污、废水提升

当建筑物内部的排水、地下室的生活排水、地下室的地坪排水等，不能以重力自流形式排入市政污水管道时，需要设置污、废水提升装置。地下室地坪废水的提升装置一般采用集水坑与污水泵，如图 2-22 所示。小区污水和地下室生活污、废水的提升装置一般采用污水集水池与污水泵。

(1) 污水泵

污水泵具备耐腐蚀、流通量大、不宜堵塞的特点，常用的污水泵类型有潜水排污

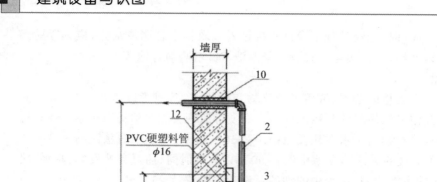

1—潜水泵;2—排出管;3—闸阀;4—止回阀;5—活接头;6—压力表;7—异径接头;
8—短管;9—橡胶软管;10—防水套管;11—钢盖板;12—控制开关

图 2-22 地下室地坪废水提升

泵、液下排水泵、立式污水泵和卧式污水泵等。因为建筑物内部需提升的污水较少,为少占用建筑面积,一般优先选用潜水排污泵和液下排水泵,如图 2-23 所示。

污水泵不得设在对卫生环境有特殊要求的生产厂房和公共建筑物内,且不得设在有安静和防震要求的房间内。

污水泵的排出管为压力排水,宜单独排至室外,不要与自流排水合用排出管,排出管的横管段应有坡度坡向出口。当 2 台或 2 台以上污水泵共用一条出水管时,应在每台污水泵出水管上装设阀门和止回阀;单台污水泵排水有可能产生倒灌时,应设置止回阀。

(2)集水池(坑)

集水池一般设在地下室机房、地下车库排水沟的末端;地下车库坡道尽头处排水沟的末端;最底层卫生间;淋浴间的地板下面或邻近位置;地下厨房的邻近处;消防电梯井的邻近处等。

集水池一般为砖砌或混凝土浇筑,生活污水集水池内壁采取防腐防、渗漏措施。集水池底有不小于 0.05 的坡度坡向泵位。集水池内设有水位指示装置和超警戒水

图 2-23　常见潜水排污泵外形

位报警装置,并将信号引至物业管理中心。集水池如设在室内地下室时,池盖应密封;当室内设有敞开的集水池时,应设强制通风装置。

集水池的深度及其平面尺寸,按《建筑给水排水设计标准》(GB 50015—2019)规定,或综合考虑满足水泵设置,水位控制器、格栅等的安装、检修要求设计。

3. 排水系统检查井

排水检查井有室内检查井和室外检查井之分。

(1) 室内检查井

室内检查井又叫室内检查口井,它是砖砌的井。用于清通室内埋地排水管道。是埋地横管上设置检查口时,保证排水管检查口正常使用的构筑物。生活排水管道不宜在室内设检查井,当必须设置时,应采取密闭措施,如图 2-24 所示。

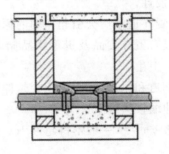

图 2-24　室内检查井

(2) 室外检查井

如图 2-25 所示、室外排水检查井在建筑排水系统中是室内排水排出管与室外排水管道连接处的排水构筑物,主要用于清通室内、外埋地排水管道。检查井由井基、井身、井盖座、井盖及井内流槽组成。按照井身材料的不同可分为砖砌检查井和混凝土检查井;按照井身形状的不同可分为圆形检查井与矩形检查井;按照排水对象的不同可分为污水检查井与雨水检查井。

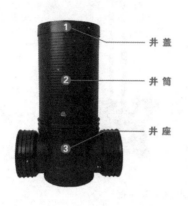

图 2-25 室外检查井

2.2 排水系统安装

2.2.1 排水管道的敷设要求

1. 横支管

横支管在建筑底层时可以埋设在地下,在楼层可以沿墙明装在地板上或悬吊在楼板下。当建筑物有较高要求时,可以采用暗装,如将管道敷设在吊顶管沟、管槽内,但必须考虑安装和检修的方便性。

架空或悬吊横管不得布置在遇水后会引起损坏的原料、产品和设备的上方,不得布置在卧室、厨房灶炉上方或布置在食品及贵重物品储藏室、变配电室、通风小室及空气处理室内,以保证安全和卫生。

横管不得穿越沉降缝、烟道和风道,并应避免穿越伸缩缝;必须穿越伸缩缝时,应采取相应的技术措施,如装伸缩接头等。

横支管不宜过长,以免落差过大,一般不得超过 100 m,并应尽量减少转弯,以避免堵塞。

2. 立 管

宜靠近最脏、杂质最多、排水量最大的排水点处设置,例如尽量靠近大便器。立管应避免穿越卧室、办公室和其他对卫生、安静要求较高的房间。生活污水管应避免靠近与卧室相邻的内墙。

立管一般布置在墙角,明装,无冰冻危害地区可布置在外墙上。当有较高要求时,可在管槽内或管井内暗装。暗装时需考虑检修的方便,在检查口处设检修门。

塑料立管应避免布置在温度大于 60 ℃ 的热源设备附近及易受机械撞击处，否则应采取保护技术措施。

对排水立管最下部连接的排水横支管应采取措施以避免横支管发生有压溢流，即仅设伸顶通气管排水立管，其立管最低排水横支管与立管连接处到排水立管管底的垂直距离 $\triangle H$，在立管管径与排出管或横干管管径相同时应按立管连接卫生器具的层数 n 确定：$n \leqslant 4$ 层、$5 \sim 6$ 层、$7 \sim 12$ 层、$13 \sim 19$ 层、$\geqslant 20$ 层时，相应距离分别为：$\triangle H = 0.45$ m、0.75 m、1.2 m、3.0 m、6.0 m。但当立管底部管径大于排除管管径一号或横干管管径比立管管径大一号时，则其垂直距离可缩小一档。

当横支管连接在排出管或排水横干管上时，其连接点距立管底部下游水平距离不宜小于 3.0 m。对排水横支管接入横干管竖直转向的管段，其连接点应距转向处以下不小于 0.6 m。对上述排水立管底部的排水横支管的连接达不到上述技术要求时，则立管最下部的排水横支管应单独排至室外排水检查井。

3. 排出管

排出管可埋在建筑物底层地面以下或悬吊在地下室顶板下部。排出管的长度取决于室外排水检查井的位置。检查井的中心距建筑物外墙面一般为 2.5～3 m，不宜大于 10 m。

排出管与立管宜采用两个 45° 弯头连接。对生活饮水箱（池）的泄水管、溢流管、开水器、热水器的排水，或医疗灭菌消毒设备的排水、蒸发式冷却器及空调设备冷凝水的排水、储存食品或饮料的冷藏库房的地面排水和冷气、浴霸水盘的排水，均不得直接接入或排入污废水管道系统，采用具有水封的存水弯式空气隔断的间接排水方式，以避免上述设备受污水污染。排出管穿越承重墙基础时，应防止建筑物下沉压破管道，其防止措施同给水管道。

排出管在穿越基础时，应预留孔洞，其大小为：排出管管径 d 为 50 mm、75 mm、100 mm 时，孔洞尺寸为 300 mm×300 mm；管径大于 100 mm 时，孔洞高为 $(d+300)$ mm，宽度为 $(d+200)$ mm。

为了防止管道受机械损坏，在一般的厂房内排水管的最小埋深应按表 2-1 确定。

表 2-1　生产厂房内排水管最小覆土深度

单位/m

管材	地面至管顶的距离	
	素土夯实、碎石、砾石、砖地面	水泥、混凝土地面
排水铸铁管	0.7	0.4
混凝土管	0.7	0.5
带釉陶土管	1.0	0.6

4. 通气管

(1) 伸顶通气管高出屋面不小于 0.3 m,但应大于该地区最大积雪厚度,屋顶有人停留时应大于 2 m。

(2) 连接 4 个及 4 个以上卫生器具,且长度大于 12 m 的横支管和连接 6 个及 6 个以上大便器的横支管上要设环形通气管,环形通气管应在横支管起端的两个卫生器具之间接出,在排水横支管中心线以上与排水横支管呈垂直或 45°连接。

(3) 专用通气立管每隔 2 层,主通气立管每隔 8~10 层设置结合通气管与污水立管连接。

(4) 专用通气立管和主通气立管的上端可在最高卫生器具上边缘或检查口以上不小于 0.15 m 处与污水立管以斜三通连接,下端在最低污水横支管以下与污水立管以斜三通连接。

(5) 通气立管不得接纳污水、废水和雨水,不得与通风管或烟道连接。

(6) 通气管的顶端应装设网罩或风帽。通风管与屋面交接处应防止漏水。

2.2.2 排水管道的安装

1. 室内金属排水管道及附件的安装

(1) 工艺流程

管道预制→吊架、托架安装→干管安装→立管安装→支管安装→附件安装→通球试验→灌水试验→管道防结露。

(2) 室内金属排水管道及附件操作工艺

1) 管道预制。管道预制前应先做好除锈和防腐处理。

① 排水立管预制。依据设计层高及各层地面厚度做法,按照设计要求确定排水立管检查口及支管甩口标高,绘制加工草图。一般立管检查口中心离地 1.0 m,排水甩口应保证支管的坡度,使支管最末端承口距离楼板不小于 100 mm,应尽量增加立管预制管段的长度。预制好的管道应进行编号,码放在平坦的场地,管段下面用方木垫实。

② 排水横支管预制。按照每个卫生器具的排水管中心到立管甩口以及到排水横支管的垂直距离绘制大样图,然后依据实量尺寸结合大样图进行排列、配管。

③ 预制管道的养护。捻好灰口的预制管段,应用湿麻绳缠绕灰口养护,常温下保持湿润 24~48 h 后才可运至现场。

2) 排水干管托架、吊架安装。

① 排水干管在设备层安装,首先依据设计图纸的要求将每根排水干管管道中心线 弹到顶板上,然后安装托架、吊架,吊架根部一般采用槽钢形式。

② 排水管道支架、吊架间距:横管不大于 2 m,立管不大于 3 m,楼层高度小于等于 4 m 时,立管可安装一个固定件。

③ 高层排水立管与干管连接处应架设托架,并在首层安装立管卡子。高层排水立管托架可隔层设置落地托架。

④ 支架、吊架应考虑受力情况,一般架设在三通、弯头或放在承口后,然后按照设计及施工规范要求的间距架设支架、吊架。

3) 排水干管安装。排水管道坡度应符合设计要求,设计无要求的以设计规范为准。

① 将预制好的管段放到已经夯实的回填土上或管沟内,按照水流方向从排出位置向室内按顺序排列,根据施工图纸的坐标、标高调整位置和坡度加设临时支撑,并在承插口的位置挖好工作坑。

② 在捻口之前,先将管道调直,各立管及首层卫生器具甩口找正,用麻钎把拧紧的青麻打进承口,一般为两圈半。将水灰比为1:9的水泥捻口灰装在灰盘内,自下而上边填边捣,直至将灰口打满打实有回弹的感觉为合格,灰口凹入承口边缘不大于2 mm。

③ 排水排出管安装时,先检查基础或外墙预埋防水套管尺寸、标高,将洞口清理干净,然后从墙边使用双45°弯头或弯曲半径不小于4倍管径的90°弯头,与室内排水立管连接,再与室外排水管连接,伸至室外。

④ 排水排出管穿基础时应预留好基础的下沉量。

⑤ 管道敷设好后,按照首层地面标高将立管及卫生器具的连接短管接至规定高度,预留的甩口做好临时封堵。

4) 排水立管安装。

① 安装排水立管前,应先在顶层排水立管预留洞口吊线,找准排水立管中心位置,在每层地面上或墙面上安装排水立管支架。

② 将预制好的管段移至现场,安装排水立管时两人配合,一人在楼板上的预留洞口甩下绳头,下面一人用绳子将排水立管上部拴牢,然后两人配合将立管插入承口中,用支架将排水立管固定,再进行接口的连接。常见高层建筑球墨铸铁排水立管接口形式有两种:W形无承口连接和A形柔性接口。W形无承口连接时先将卡箍内的橡胶圈取下,把卡箍套入下部管道,把橡胶圈的一半套在下部管道的上端,再将上部管道的末端套入橡胶圈,将卡箍套在橡胶圈的外面,使用专用工具拧紧卡箍即可。使用A形柔性接口先在插口上画好安装线,一般承插口之间保留5~10 mm的间隙,在插口上套入法兰压盖机橡胶圈,橡胶圈与安装线对齐,将插口插入承口内,保证橡胶圈插入承口深度相同,然后压紧法兰盖,拧紧螺栓,使橡胶圈均匀受压。

③ 立管插入承口后,下面的人把立管检查口及支管甩口的方向找正,立管检查口的朝向应便于维修操作,上面的人把立管临时固定在支架上,然后一边卡箍一边吊直,最好拧紧卡箍并复核垂直度。

④ 立管安装完后,应用不低于楼板强度等级的细石混凝土将洞口堵实。

⑤ 高层建筑有通气管时,应采用专用通气管件连接通气管。

5) 排水支管安装

① 安装支管前,应先按照管道走向和支架、吊架间距要求栽好吊架,并按照坡度要求量好吊杆长度。将预制好的管道套好吊环,把吊环与吊杆用螺栓连接牢固,将支管插入立管预留承口中,卡箍。

② 在地面防水前应将卫生器具或排水配件的预留管安装到位,如器具或配件的排水接口为螺纹接口,预留管可用钢管。

2. 室内非金属排水管道及附件的安装

(1) 工艺流程

管道预制加工→干管安装→立管安装→支管安装→附件安装→通球试验→灌水试验→管道防结露。

(2) 室内非金属排水管道及附件操作工艺

1) 管道预制加工

① 依据设计图纸要求并结合实际情况,测量尺寸,绘制加工草图。

② 根据实测小样图和结合各连接管件的尺寸量好管道长度,采用细齿轮、砂轮机进行配管和断管,断口要平齐。

③ 支管及管件较多的部位应先进行预制加工,码放在平坦的场地,管段下面用方木垫实。

2) 排水干管安装

① 非金属排水管一般采用承插粘结连接方式。

② 承插粘结方法。将配好的管材与配件进行试插,插入深度约为承口深度的 3/4,并在插口管端的表面画出标记。依据草图量好管道的长度,进行断管,试插合格后用棉布将承插口需粘结部位上的水分、灰尘弄干净,如有油污需用丙酮除掉。用毛刷涂抹胶粘剂,涂抹承口后涂抹插口,随即用力垂直插入,插入粘结时将插口稍作转动,以利胶粘剂分布均匀,一般 30~60 min 即可粘结牢固,多口粘结时应注意预留口方向。

③ 埋入地下时,按设计坐标、标高、坡向开挖槽沟并夯实。采用托架、吊架安装时,应按设计坐标、标高、坡向做好托架、吊架。

④ 施工条件具备时将预制加工好的管段按编号运至安装部位进行安装。

⑤ 管道穿越地下室外墙时应采用防水套管。

3) 排水立管安装

① 按设计坐标、标高要求校核预留孔洞,其尺寸可比管外径大 50~100 mm。

② 清理已预留的伸缩节,将锁母拧下,取出橡胶圈,清理杂物。立管插入应先计算插入长度,做好标记,然后涂上肥皂水,套上锁母及橡胶圈,将管端插入标记处锁紧锁母。

③ 安装时先将立管上端伸入上一层洞口内,垂直用力插入至标记为止。插好后用 U 形抱卡紧固,找正,找直,三通口中心符合要求,有防水要求的必须安装止水环,保证止水环在板洞中位置,临时封堵各个管口。

④ 管道穿越楼板处为非固定支撑点时,应加装金属或塑料套管,套管内径比穿越管外径大两号,套管高出地面不得小于 50 mm(厕所、厨房),其他地方不小于 20 mm。

⑤ 排水塑料管与铸铁管连接时,宜用专用配件。当采用水泥捻口时应先将塑料管插入承口部分的外侧,用砂纸打毛或涂刷粘结剂滚捻干燥的粗砂。插入后应用油麻丝填嵌均匀,用水泥捻口。

4) 排水支管安装

① 按设计坐标、标高要求校核预留孔洞,其尺寸可比管外径大 40~50 mm。

② 清理场地,按需要支搭操作平台,将预制好的支管按编号运至现场。

③ 将支管水平初步吊起,涂抹胶粘剂,用力推入预留管口。

④ 连接卫生器具的短管一般伸出净地面 10 mm,地漏甩口低于净地面 5 mm。

⑤ 依据管长调整坡度。合适后固定卡架,封堵各预留管口和堵洞。

3. 附件安装

(1) 地漏安装。依据土建施工弹出的建筑标高线计算出地漏的安装高度,地漏搁栅与周围装饰地面 5 cm 处不得抹死。

(2) 清扫口安装

连接 2 个及 2 个以上的大便器或 3 个及 3 个以上的卫生器具的铸铁排水横管上宜设清扫口。连接 4 个及 4 个以上的大便器的塑料排水横管上宜设清扫口。在管径小于 100 mm 的排水管道上设置清扫口,其尺寸应与管道同径;管径 DN100 mm 的排水管道上设置清扫口,应采用 100 mm 清扫口。在排水横管上设的清扫口宜设置在楼板上,且与地面相平,横管起点的清扫口与其端部相垂直的墙面的距离不得小于 0.15 m。

(3) 检查口安装

铸铁排水立管检查口的距离不宜大于 10 m,塑料排水立管宜每 6 层设置一个检查口,但在建筑物的最低层及设有卫生器具的两层以上建筑物的最上层应设置检查口。立管上检查口的高度应在地面以上 1.0 m,并应高于该层卫生器具上边缘 0.15 m;埋地横管检查耳应设在砌砖的井内;检查口的检查盖应面向便于检查清扫的方位,横干管上的检查口应垂直向上。

(4) 伸缩节的安装

管端插入伸缩节处预留的空隙应为:夏季 5~10 mm,冬季 15~20 mm。排水支管在楼板下方接入时,伸缩节应设置于水流汇合管件之下;排水支管在楼板上方接入时,伸缩节应设置于水流汇合管件之上。横支管超过 2 m 时,应设置伸缩节,但伸缩节最大间距不得超过 4 m,横管上伸缩节应设在水流汇合管件的上游端。立管在层高≤4 m时,每层应设一个伸缩节;层高大于 4 m 时应计算再确定。伸缩节承口端应逆水流方向。立管穿越楼板的伸缩节不得固定;伸缩节固定时,立管穿越楼板处不得固定。

2.2.3　排水管道的通球试验和灌水试验

1. 通球试验

(1) 排水立管、干管安装完后,必须做通球试验,通球率为 100%。根据立管管径选择可击碎小球,球径为管径的 2/3,从立管顶部投入小球,并用小线系住小球,在干管检查口或室外排水口处观察,若发现,小球为合格。

(2) 干管通球试验。从干管起始端投入塑料小球,并向干管通水,在户外的第一个检查井处观察,发现小球流出,为合格。

2. 灌水试验

(1) 隐蔽或埋地的排水管道在隐蔽前应做灌水试验,其灌水高度不低于底层卫生器具的上边缘或底层地面高度,满水 15 min 水面下降后,再灌满时观察 5 min 液面不降,且管道及接口无渗漏为合格。

(2) 暗装或敷设在垫层中及吊顶内的排水支管安装完毕后,在隐蔽前应做灌水试验,高层建筑应分区、分段、再分层试验。试验时先打开立管检查口,测量好检查口与水平支管下皮的距离,并在胶管上做好记号,将胶囊由检查口放入立管中,达到标记后向气囊中充气,然后向立管连接的第一个卫生器具内灌水。灌到器具边缘下 5 mm 处,等待 15 min 后,再灌满,并观察 5 min,液面不降为合格。

2.3　排水系统图识读及 BIM 建模

2.3.1　排水系统图识读

1. 识图的方法

(1) 识读设计施工说明。要了解排水系统设计内容,施工使用的规范、标准图集和图例符号含义。掌握排水系统使用的卫生器具、管材、附件、局部水处理构筑物的类型和技术参数。了解设计对排水系统的施工质量要求。

(2) 识读排水系统平面图。应了解建筑使用功能对排水系统工程的要求;注意排水系统与房屋建筑的相互关系,如卫生器具、管线、附件的平面位置,管线穿墙、楼板、基础、屋面的位置;排水立管的位置、编号,排水系统的编号;管径、标高、管道坡度等。

(3) 识读排水系统轴测图和展开系统原理图,从系统轴测图或展开系统原理图中掌握管道系统的来龙去脉,并与平面图对照读图,建立全面、完整的排水系统形象,了解排水管道的设置标高、管径排水体制和卫生间排水方式;了解排水系统附件的安装位置等。

2. 排水系统施工图识读

(1) 水施 01 给排水设计说明

关注排水塑料管外径 De(mm)与公称直径对应关系(图 2-26)和坡度设置要求(图 2-27)。

排水塑料管外径 De (mm)	50	75	110	160
公称直径 DN (mm)	50	75	100	150

图 2-26 管外径与公称直径对应关系

4.2 排水横干管的坡度:De110,i=0.010,De160,i=0.005;建筑排水塑料管粘接、热熔连接的排水支管标准坡度为 0.026。

图 2-27 坡度设置要求

(2) 水施 03~06 给排水平面图

排水横管集中在一层平面图中。

(3) 水施 12 排水系统、自动喷水灭火系统原理图

关注立管的标高和管径。

2.3.2 废水系统 BIM 建模

【任务说明】在 Revit 软件中打开"门诊楼项目机电模型中心文件"项目文件,根据给排水施工图纸,完成本项目废水系统模型的绘制。

绘制废水系统模型

【任务目标】

① 学习利用"给排水附件"命令放置地漏。

② 学习绘制有坡度管道。

③ 学习使用"修剪/延伸"命令绘制管道模型。

④ 学习在三维视图中添加管道附件。

【任务分析】以 F-1 为例讲解废水系统模型的创建。平面图和系统图如图 2-28~图 2-30 所示。

① 图中标注管径 De110 应换算为公称直径,根据识图可知对应公称直径为 DN100。

② 图中所示标高-1400是管道穿墙处标高。

③ 坡度设置：根据识图可知管径De110排水干管坡度为1.0%，De50支管坡度为2.6%。

④ 管道附件有管道地漏、检查口和通气帽。

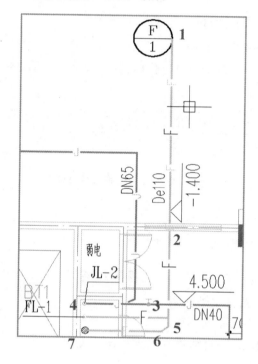

图2-28 某废水系统模型平面图

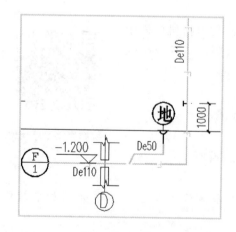

图2-29 某废水系统模型系统图(1)

图2-30 某废水系统模型系统图(2)

第 2 章　建筑排水系统

1. 放置地漏

地漏属于管道附件类别,下面以 FL-1 立管所在位置的地漏为例讲解地漏的放置方法。如图 2-28 所示,地漏连接管直径为 50 mm。

(1) 载入族

1) 单击"插入"选项卡"从库中载入"面板中的"载入族"工具。

2) 在"载入族"窗口单击打开"机电→给排水附件→地漏"路径下选择"地漏带水封-圆形—PVC-U""地漏直通式—带洗衣机插口—铸铁承插"。

3) 单击"打开",将地漏载入到项目中。

(2) 输入"P+A"快捷键,在属性窗口类型选择器里选择"地漏-50 mm",如图 2-31 所示。

(3) 单击"修改/放置管道附件"选项卡→"放置"面板→"放置在面上",如图 2-32 所示。

(4) 鼠标放置地漏位置,识别中点,如图 2-33 所示。

(5) 单击鼠标,按两下"Esc"键退出管道绘制。

【注意】放置管道附件和卫浴设备时,若不能放置,需检查设置方式是否正确。

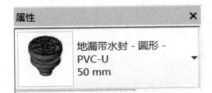

图 2-31　选择"地漏选项卡"

图 2-32　选择"修改/放置管道附件"选项卡

图 2-33　识别地漏中心

2. 绘制废水管

废水管各端点编号如图 2-27 所示。

(1) 输入"P+I"快捷键。

(2) 属性窗口选择"废水管道(硬聚氯乙烯塑料)"管道类型,选择"废水系统"。

(3) 在选项栏选择"DN100",偏移量输入"-1 400"。

(4) 坡度设置:单击"修改/放置管道"选项卡→"带坡度管道"面板→"向上坡度",坡度值选择 1%,如图 2-34 所示。

(5) 绘制管道 2~7:以废水穿墙位置作为起点(端点 2)向墙内绘制管道。

1) 依次识别,并单击端点 2、端点 5,若不能自动识别,可按 Tab 键识别,如图 2-35 所示。

2) 在选项栏修改管径为"50 mm",坡度值设置为"2.6",单击端点 6,如图 2-35 所示。

3) 将鼠标移至地漏,当地漏变成深色时,单击地漏(端点 7),完成管道绘制,如图 2-36 所示。

 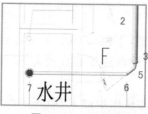 

图 2-34　坡度设置　　　　图 2-35　识别端点　　　　图 2-36　完成管道绘制

4) 按"Esc"键退出管道绘制。选中管道,可查看管道坡度和两端点标高。

(6) 绘制管道 3~4 和立管 FL-1。

1) 输入"P+I"快捷键,选项栏直径选择"100 mm"。

由于管道有坡度,因此端点 3 标高难以确定,采用"继承高程方式"。

2) 单击"修改 I 放置管道"选项卡→"放置工具"面板→"继承高程",如图 2-37 所示。

3) 坡度方向设置为"向上坡度",坡度值设置为"1‰"。

4) 依次单击端点 3、端点 4。

出现提示窗口(图 2-38):找不到自动布线解决方案,分析原因是没有空间生成管件三通,因此需要预留足够空间,单击取消按钮。

图 2-37　修改管道　　　　　　　　　图 2-38　窗口提示

5) 重新单击"修改/放置管道"选项卡→"放置工具"面板→"继承高程"。

6) 单击端点 3 上方一定距离,预留足够空间生成三通,如图 2-39 所示。

7) 以 45°单击图中所示交点,单击 FL-1 立管中心(端点 4)。

8) 在选项卡中修改偏移量为"22 400",双击应用,完成 FL-1 立管绘制,按"Esc"键退出管道绘制,如图 2-40 所示。

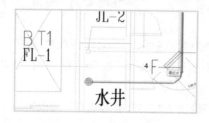 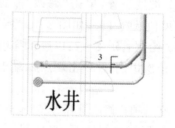

图 2-39　生成三通　　　　　　　　　图 2-40　完成立管绘制

(7) 绘制室外部分管道 2~1。

方法一　绘制管道

1) 输入"P+I"快捷键,选项栏直径选择"100 mm"。

2) 单击"修改 1 放置管道"选项卡→"放置工具"面板→"继承高程"。

3) 坡度方向设置为"向下坡度",坡度值设置为"1‰",如图 2-41 所示。

4) 依次单击端点 2、端点 1,退出管道绘制。

方法二　采用修剪延伸

1) 单击"修改"选项卡→"修改"面板→"修剪延伸",如图 2-42 所示。

图 2-41　坡度方向设置　　　　　图 2-42　修改选项

2) 单击"延伸对象",如图 2-43 所示。

3) 单击管道,如图 2-44 所示。

4) 从左往右框选废水管 F-1 选项,输入"BX",查看三维效果,如图 2-45 所示。

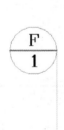

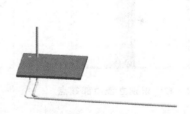

图 2-43　单击"延伸对象"　　图 2-44　单击"管道"　　图 2-45　查看三维效果

3. 放置通气帽

(1) 从左往右框选废水管 FL-1,输入"BX",查看三维效果。

(2) 输入"P+A"快捷键,在属性窗口类型选择器里选择"通气帽",类型选择"100 mm",如图 2-46 所示。

(3) 将鼠标移至立管顶端,识别立管顶部端点,如图 2-46 所示,单击鼠标,完成添加,如图 2-47 所示。

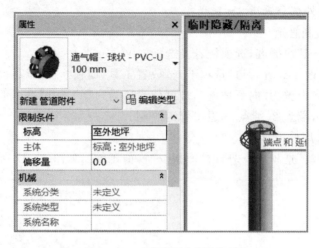

图 2-46 选择"通气帽"选项

图 2-47 识别立管顶部端点

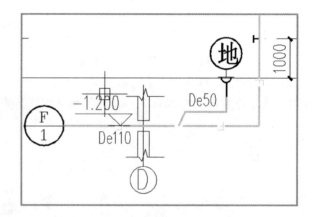

图 2-48 添加检查口

4. 添加检查口

在排水立管上添加检查口,如图 2-48 所示。

(1) 载入检查口族:单击"插入"选项卡"从库中载入"面板中的"载入族"工具,在"载入族"窗口打开"机电→水管管件→GBT 5836 PVCU→承插",选择"检查口—PVC—U—排水",单击"打开"载入"检查口"族,如图 2-49 所示。

(2) 单击"系统"选项卡→"卫浴和管道"面板→"管件"工具。

(3) 在"属性"窗口选择"检查口—PVC—U—排水",如图 2-50 所示。

(4) 单击鼠标左键将检查口布置到废水立管 FL-1 上,如图 2-51 所示。

(5) 调整检查口方向,选中检查口,单击旋转符号,直到安装方向正确,如图 2-52 所示。

第 2 章　建筑排水系统

图 2-49　载入检查口族

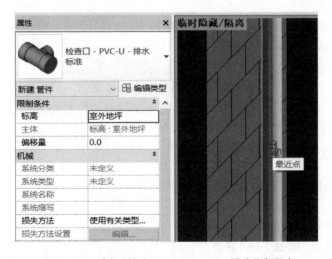

图 2-50　选择"检查口—PVC—U—排水"选项卡

图 2-51 布置废水立管

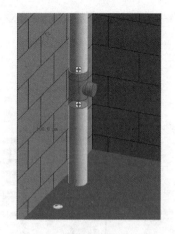
图 2-52 调整检查口方向

2.3.3 污水系统 BIM 建模

【任务说明】在 Revit 软件中打开"门诊楼项目机电模型中心文件"项目文件,根据给排水施工图纸,完成本项目污水管道的绘制。

绘制污水系统模型

【任务目标】
① 学习污水管水平管和立管连续绘制的方法。
② 学习连接卫生器具和水管。
③ 学习使用镜像命令复制给排水系统模型。

【任务分析】本项目污水系统的管道路径比较复杂,下面以 W-10d、W-10d'、W-11、W-13 污水系统为例详细解释不同情况污水系统模型的绘制方法。

【任务分析】实施

1. 绘制 W-10d 污水系统模型

W-10d 污水系统平面图和系统图如图 2-53、图 2-54 所示。

(1) 在"项目浏览器"单击"一层给排水"平面视图。

(2) 布置坐便器,如图 2-55 所示。

1) 单击"系统"选项卡→"卫浴和管道"面板→ 卫浴装置。

2) 单击"属性"窗口的"类型选择器",选择"坐便器-冲洗水箱"。

3) 将光标移到要放置卫浴装置的位置,按"空格键"调整坐便器方向,然后单击此选项卡。

(3) 布置地漏,如图 2-56 所示。

1) 输入"P+A"快捷键,在属性窗口类型选择器里选择"地漏",类型选择"50 mm"。

2) 单击"修改 I 放置管道附件"选项卡→"放置"面板→"放置在面上"。

3) 鼠标放置地漏位置,识别中点。

4) 单击鼠标,按两下"Esc"键退出管道绘制。

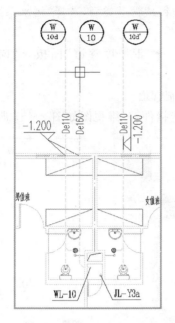

图 2-53 W-10d 水系统平面图绘制

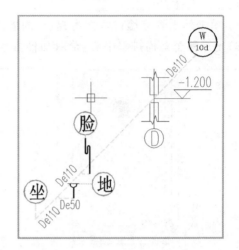

图 2-54 污水系统系统图(1)

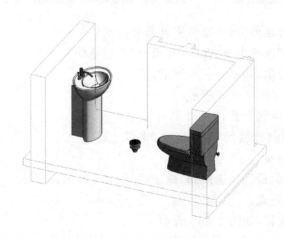

图 2-55 污水系统图(2)

(4) 布置洗脸盆,如图 2-56 所示。

1) 单击"系统"选项卡→"卫浴和管道"面板→ 。

2) 单击"属性"窗口的"类型选择器",选择"洗脸盆—壁挂式"。

3) 将光标移到要放置卫浴装置的位置,按"空格键"调整坐便器方向,单击,完成。

(5) 绘制污水管室内干管部分。

1) 输入"P+I"快捷键。

2) 在属性窗口选择"污水管道(硬聚氯乙烯塑料)"管道类型,选择"污水系统"。

3) 在选项栏直径选择"DN 100",偏移量输入"-1 200"。

4) 坡度设置:单击"修改 I 放置管道"选项卡→"带坡度管道"面板→"向上坡度",坡度值选择1‰。

5) 单击污水管穿墙位置作为起点,向墙内绘制管道。

6) 光标移至马桶排水中心,拾取马桶排水管连接件,三维视图如图2-57所示。

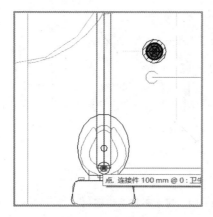  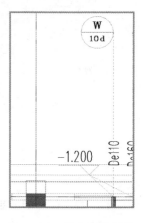

图2-56 布置坐便器　　图2-57 拾取马桶水管连接件　　图2-58 单击延伸对象

(6) 采用"修剪延伸"命令绘制室外部分污水管

1) 单击"修改"选项卡→"修改"面板→"修剪延伸"。

2) 单击延伸对象,如图2-58所示。

3) 单击管道,如图2-58所示。

(7) 将地漏连接到干管。

1) 方法一　使用"连接到"命令生成90°斜三通。

① 单击选中地漏。

② 单击"功能面板"上"连接到"命令,如图2-59所示。

③ 单击干管,完成。

④ 单击选中支管,如图2-60所示。

⑤ 单击"修改 I 管道"选项卡→"编辑"面板→"坡度"命令,完成,如图2-61示。

⑥ 出现"坡度编辑器选项卡",修改坡度为"2.6‰"(支管坡度),单击"完成",如图2-62所示。

 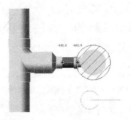 

图2-59 单击"连接到"命令　　图2-60 选中支管　　图2-61 选中坡度

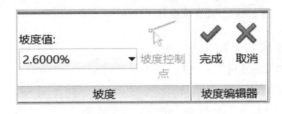

图2-62 修改坡度

2) 方法二 手动连接,生成45°斜三通。

① 输入快捷键"R+P"绘制参照平面:通过地漏中心(△)并和干管成45°,如图2-63所示。

② 输入快捷键"P+I",单击交点如图2-64所示。

③ 在选项栏设置管径为"DN50",如图2-65所示;完成管道连接,如图2-66所示。

 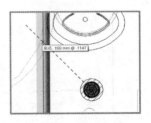

图2-63 绘制参照平面　　　　　　图2-64 单击交点

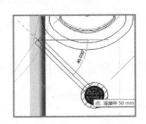 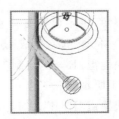

图2-65 显示管道连接件　　　　　图2-66 完成管道连接

④ 单击"修改/放置管道"选项卡→"放置工具"面板→"继承高程"命令；单击"向上坡度"按钮；"坡度值"设置为"2.6%"，如图2-67所示。

⑤ 单击参照平面和干管的交点。

⑥ 光标移至地漏，按Tab键，当"管道连接件"显示，或地漏高亮显示时，单击；完成后，界面如图2-68所示。

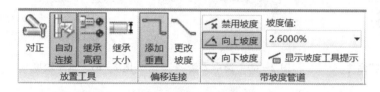

图2-67 设置坡度值　　　　　　图2-68 完成地漏及干管设置

(8) 将洗脸盆连接到干管。

1) 方法一　使用"连接到"命令生成90°斜三通。

① 单击选中洗脸盆。

② 单击"功能面板"上"连接到"命令，选择连接件为"卫生设备"，如图2-69所示。

③ 单击干管，完成后界面如图2-70所示。

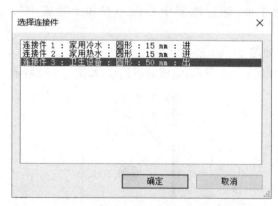

图2-69 选择"卫生设备"选项　　　图2-70 完成干管设置

④ 支管很短，可不设置支管坡度。

2) 方法二　手动连接，生成45°斜三通。

① 输入快捷键"R+P"绘制参照平面：通过洗脸盆排出管中心(⌀)，并和干管成45°，如图2-71所示。

② 输入快捷键"P+I"。

③ 选项栏设置管径为"DN50"。

④ 单击"修改/放置管道"选项卡→"放置工具"面板→"继承高程"命令;单击"向上坡度"按钮;"坡度值"设置为"2.6%"。

⑤ 单击参照平面和干管的交点,如图 2-71 所示。

⑥ 光标移至洗脸盆,按 Tab 键,当"管道连接件"(图 2-72)显示时,单击,完成,如图 2-73 所示。

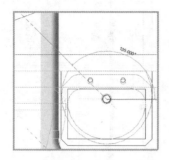
图 2-71　单击参照平面和平管交点

图 2-72　单击"管道连接"选项

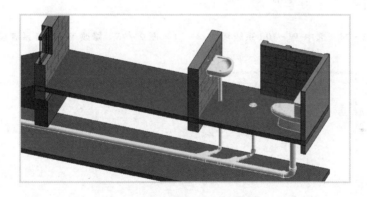
图 2-73　完成洗脸盆设置

2. 绘制 W-10d' 污水系统模型

因为平面图 W-10d' 和 W-10d 成镜像关系,所以采用"镜像"命令绘制模型。

(1) 从左往右框选 W-10d 系统模型,如图 2-74 所示。

(2) 单击"修改/选择多个"选项卡→"修改"面板→"镜像—拾取轴"按钮,如图 2-75 所示。

(3) 单击对称轴,如图 2-76 所示,完成,如图 2-77 所示。

3. 绘制 W-11 污水系统模型

污水系统模型平面图和系统图如图 2-78 和 2-79 所示,对于 W-11 室外埋地敷设,室内梁下吊装的敷设,绘制时注意标高变化 W-11 污水系统模型,如图 2-80 所示。

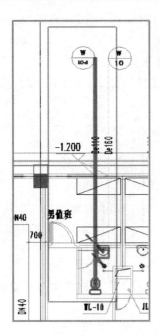
图 2-74 选中 W-10d 系统模型

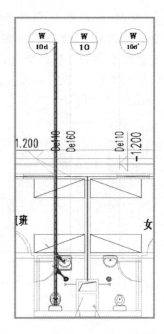
图 2-75 修改 W-10d 系统模型

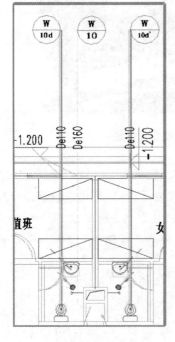
图 2-76 单击"对称轴"

图 2-77 完成 W-10d 模型设置

 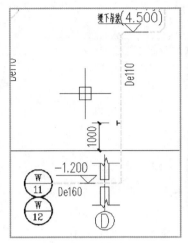 

图 2-78　W-11 污水模型平面图　　图 2-79　W-11 污水系统图　　图 2-80　W-11 污水系统模型图

(1) 绘制污水管室内干管和立管部分。

1) 输入"P+I"快捷键。

2) 属性窗口选择"污水管道(硬聚氯乙烯塑料)"管道类型,选择"污水系统"。

3) 选项栏直径选择"DN100",偏移量输入"-1200"。

4) 坡度设置:单击"修改/放置管道"选项卡→"带坡度管道"面板→"向上坡度",坡度值选择1‰。

5) 单击污水管穿墙位置作为起点,向墙内绘制管道。

6) 单击室内立管中心处(⊙),如图 2-81 所示。

7) 修改偏移量为"4500"。

8) 在污水立管 WL-11 中心处单击鼠标。

9) 修改偏移量为"22 400"(立管 WL-11 顶部标高),双击应用,按 Esc 键退出管道绘制命令,如图 2-82 所示。

(2) 绘制污水管室外干管部分。

采用"修改"选项卡上"修改"面板上的"修剪延伸"命令绘制室外部分污水管。

(3) 放置通气帽。

1) 从左往右框选污水管 WL-11,输入"BX",查看三维效果,如图 2-83 所示。

2) 输入"P+A"快捷键,在属性窗口类型选择器里选择"通气帽",类型选择"100mm"。

3) 将鼠标移至立管顶端,识别立管顶部端点,用鼠标单击"放置通气帽"。

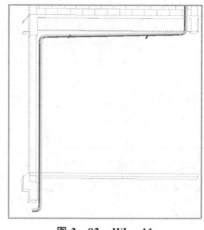
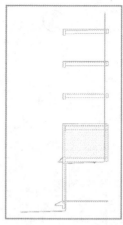

图 2-81　单击室内立管中心处　　图 2-82　WL-11 模型修改　　图 2-83　WL-11 三维效果图

4. 绘制 W-13 污水系统模型

W-13 系统的立管 WL-13 有轴线偏移情况,是模型绘制的难点,平面图和系统图如图 2-84 和图 2-85 所示。

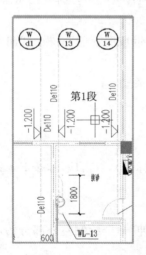
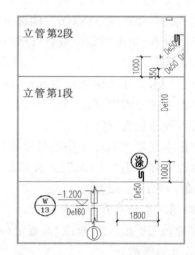

图 2-84　WL-立管平面图　　　　图 2-85　WL-13 立管系统图

(1) 绘制污水管室内部分干管和立管第 1 段。

1) 输入"P+I"快捷键。

2) 属性窗口选择"污水管道(硬聚氯乙烯塑料)"管道类型,选择"污水系统"。

3) 选项栏直径选择"DN 100",偏移量输入"-1 200"。

4) 坡度设置:单击"修改/放置管道"选项卡→"带坡度管道"面板→"向上坡度",坡度值选择 1%。

5) 单击污水管穿墙位置作为起点,在墙内绘制管道,如图 2-86 所示。

6) 单击室内立管中心处(⊙)。

7) 修改偏移量为"4500",双击应用,完成后如图 2-87 所示。

图 2-86 绘制墙内管道

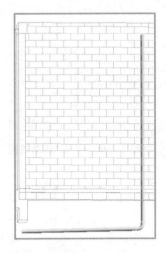

图 2-87 偏移量修改完成

(2) 绘制污水管立管第 2 段。

1) 选择刚刚绘制好的干管,输入快捷键"CS",重复类似实例命令。

2) 选项栏直径选择"DN 100",偏移量输入"4800"。

3) 单击 WL-13 立管中心,偏移量输入"22400",双击应用。

(3) 连接立管。

1) 单击"视图"选项卡→"绘制"面板→"剖面"按钮,如图 2-88 所示。

2) 在立管所在位置绘制剖面,如图 2-89 所示。

图 2-88 绘制剖面单击剖面按钮

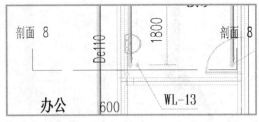

图 2-89 绘制剖面

3) 单击剖面,右键转到剖面视图,如图 2-90 所示。

4) 输入快捷键"P+I",单击第一段立管顶部端点,如图 2-91 所示。

5) 单击管道第二个端点,注意连接管和立管的夹角为 45°,完成后如图 2-92 所示。

6) 单击"修改"选项卡→"修改"面板→"修剪/延伸为角"按钮,依次单击连接管和第二段立管,完成,如图2-93所示。

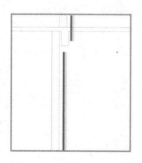
图 2-90 单击"剖面视图"

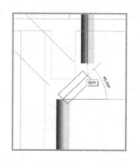
图 2-91 单击"管道"第一段立管端点

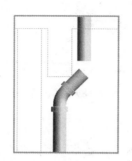
图 2-92 单击管道第二个端点

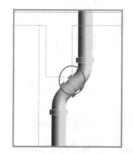
图 2-93 单击"连接管和第二段立管"

(4) 调整碰撞。

方法一 图2-94所示立管轴线偏移处和梁有碰撞时,在图2-94中选中其中一个弯头,向下拖拽一段距离,调整如图2-95所示。

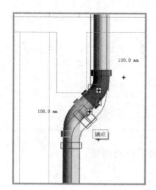
图 2-94 选中"弯头"

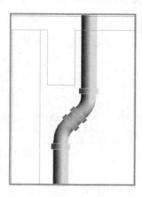
图 2-95 调整弯头

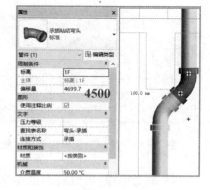
图 2-96 修改弯头

方法二 选中弯头,修改"属性"对话框中"偏移量"为"4 500",如图2-96所示。

第 2 章　建筑排水系统

（5）创建排水系统模型的步骤主要分为六步：第一步，设置生活排水管道类型；第二步，设置生活排水系统类型；第三步，放置卫浴装置；第四步，绘制排水系统管道模型；第五步，连接卫浴装置和排水管道；第六步，添加管道附件。

因为排水支管绘制时需要设置坡度，所以在绘制时排水横管每一点的偏移量高度均不一样，在从排水横管往外引支管时，必须保证支管起始点与排水横管连接点位置偏移量标高相同。此时的绘制技巧是使用"修改"选项卡中的"继承高程"工具来设定连接处的偏移量。

第 3 章
建筑消防给水系统

3.1 基础知识

3.1.1 建筑内部消防给水系统的分类

建筑内部消防给水系统一般可按照使用功能的不同分为三类:
(1) 室内消火栓给水系统

室内消火栓给水系统指在工业和民用建筑内火灾发生时,供室内消火栓灭火用的消防给水系统。其水量、水压要求根据设置场所建筑物的类型,按照《建筑设计防火规范》[GB 50016—2014(2018 年版)]确定。

(2) 自动喷水灭火系统

自动喷水灭火系统指在工业和民用建筑内火灾发生时,能自动喷水灭火或自动喷水挡烟阻火、冷却分隔物的消防给水系统;其水量、水压要求根据设置场所火灾的危险等级,按照《自动喷水灭火系统设计规范》(GB 50084—2017)确定。

(3) 水喷雾和细水雾灭火系统

水喷雾和细水雾灭火系统指在电气和闪点高于 60 ℃的液体发生火灾时,能自动向保护对象喷水雾灭火的消防给水系统;在高温环境中,能为可燃气体和甲、乙、丙类液体的生产、储存装置或装卸设施等保护对象,自动喷水雾防护冷却的消防给水系统,其水量、水压要求根据保护对象的类型,按照《水喷雾灭火系统技术规范》(GB 50219—2014)确定。

消防给水系统对水质无特殊要求,但不能使用含有易燃、可燃液体的天然水源。当建筑内部设置自动喷水灭火系统、水喷雾和细水雾灭火系统时,应防止水中杂质堵塞喷头出口。

上述三类消防给水系统根据建筑物的类型、火灾危险等级、被保护对象的不同,在建筑物内可以共同存在。最常用的消防给水系统是消火栓给水系统。

3.1.2 消火栓给水系统的组成与给水方式

1. 建筑内部消火栓给水系统的组成

室内消火栓给水系统一般由水枪、水带、消火栓、消防给水管道、控制附件、消防水泵、消防水箱、消防水池、稳压设施、消防水泵接合器等组成。

水枪、水带、消火栓一般安装在消火栓箱内,设置消防水泵的室内消火栓给水系统,其消火栓箱内还应设置直接启动消防水泵的按钮。

为了减少消防队员到达火场后登高扑救、铺设水带的时间,及时向建筑内部加压供水,及时扑救火灾,减少火灾损失。现行《建筑设计防火规范》规定超过四层的厂房、库房、高层工业建筑,以及超过五层的公共建筑的消火栓给水系统和自动喷水灭火系统,均应将室内管网从底层引至室外,配备消防水泵接合器,以供消防车向室内管网输水灭火。

2. 建筑内部消火栓系统的给水方式

(1) 按管道和设备的布置方案分类

对于单栋建筑室内消火栓系统,其给水方式按照消火栓系统的组成以及管道设备的布置方案,可以分为设常高压的消火栓系统(直接给水方式)和设临时高压的消火栓系统(设水泵、水箱给水方式,设水池、水泵、水箱给水方式,设水池、水泵、气压给水装置等几种形式。图3-1及图3-2为两种常见的消火栓给水方式。

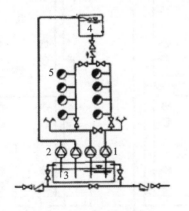

图3-1 消火栓给水系统
(设水池、水泵、水箱的给水方式)

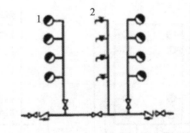

图3-2 直接给水的消火栓给水系统

(2) 按管网的服务范围分类

对于生活小区或公共建筑的多、高层建筑群而言,可分为独立的室内消防给水系统方式和区域集中的消防给水系统方式。

1) 独立的室内消防给水系统方式是指每栋多、高层建筑均独立设置消防给水系统。其特点是防火安全性好,但泵房设备分散,初期投资和运行维护工作量大,多适用于抗震和人防要求较高的建筑。

2) 区域集中的室内消防给水系统方式是指两栋或两栋以上建筑共用一个消防泵房的消防给水系统。其特点是设备集中、便于管理、建设初期投资较小,但在地震高发地区安全性较差。其室外消防用水量根据《建筑设计防火规范》[GB 50016—2014(2018 年版)]规定,应按同一时间内的火灾次数和一次灭火用水量确定。

(3) 按建筑高度分类

高层建筑可以按照建筑物的高度采用分区消火栓给水系统或不分区消火栓给水系统。

1) 不分区消火栓给水系统方式是指整栋建筑(或一个建筑群)采用一个消火栓消防系统。适用于多、高层建筑中最低消火栓栓口处静水压力不超过 1.0 MPa 的高层建筑。

2) 分区消火栓给水系统方式是指整栋建筑(或一个建筑群)按照建筑物的高度,在垂直方向采用 2 个或 2 个以上消火栓消防给水系统,多适用于高层建筑中最低消火栓栓口处静水压力超过 1.0 MPa 的高层建筑,如图 3-3 所示。

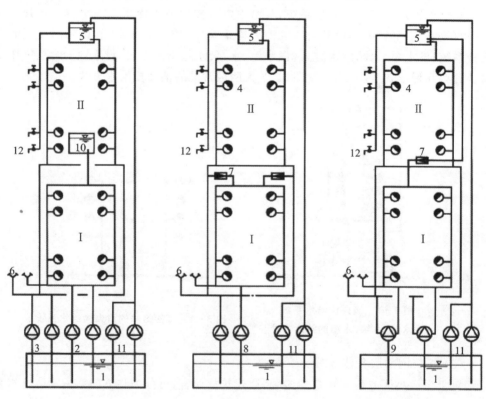

1—水池;2—低区水泵;3—高区水泵;4—室内消火栓;5—屋顶水箱;6—水泵接合器;7—减压阀;
8—消防水泵;9—多级多出口消防水泵;10—中间水箱;11—生活水泵;12—生活给水支路

图 3-3 分区消火栓给水系统方式

3. 室内消火栓布置及消火栓用水量

（1）室内消火栓的布置

室内消火栓应设在每层建筑的走道、楼梯间、消防电梯前室等位置明显且易于操作的地方。设有室内消火栓的建筑，如为平屋顶时，宜在平屋顶上设置试验和检查用的消火栓。消火栓栓口离地面的高度为 1.1 m，其出水方向宜向下或与设置消火栓的墙面成 90°。

消火栓是室内主要的灭火设备，应考虑在任何情况下，当一个消火栓受火灾威胁不能使用时，相邻消火栓仍能保护该消火栓保护范围内的任何部位。

消火栓的布置间距由设计确定。

（2）室内消火栓用水量

室内消火栓用水量与建筑物的高度、体积、建筑物内可燃物的数量、建筑物的耐火等级和建筑物的用途有关，使用时应参考《建筑设计防火规范》[GB 50974—2014（2018 年版）]的规定，详细消防用水量请参见《消防给水及消火栓系统技术规范》[GB 50974—2014（2018 年版）]。

3.1.3 消防加压、蓄水设施和稳压设备

1. 消防水泵

消防水泵是建筑消防给水系统中主要的增压设备。在建筑消防给水系统中，常用多级离心式水泵来输送建筑消防给水所需的水量，提高系统给水的压力。常见的消防多级离心泵外形如图 3-4 所示。

单级立式泵

单级卧式泵

多级立式泵

多级卧式泵

图 3-4　常见的离心式水泵

2. 消防水池

消防水池是贮存消防水量的主要设施，其设置要求如下：

(1) 消防水池的设置条件

1) 当生产、生活用水量达到最大时,市政给水管道、进水管或天然水源不能满足室内外消防用水量,须设置消防水池。

2) 当市政给水管道为枝状或只有一条进水管,且消防用水量之和超过 25 L/s 时,须设置消防水池。

(2) 消防水池的容积

1) 当室外给水管网能保证室外消防用水量时,消防水池的有效容积应满足在火灾延续时间内室内消防用水量的要求。

2) 当室外给水管网不能保证室外消防用水量时,消防水池的有效容积应能满足火灾延续时间内室内消防用水量和室外消防用水量不足部分之和的要求。

消防水池的容积超过 500 m^3 时,应分成两个能独立使用的消防水池。消防用水与其他用水共用的水池,要有确保消防用水量不被作为他用的技术措施。

3. 消防水箱

为了保证火灾初期有足够的水量和水压,应设置临时高压的消防给水系统,消防水箱或气压水罐、水塔并符合下列要求:

(1) 在建筑物的最高部位设置重力自流的消防水箱。

(2) 室内消防水箱(包括气压水罐、水塔、分区给水的分区水箱)应储存 10 min 的消防水量。

(3) 消防用水与其他用水合并的水箱应有确保消防用水不作他用的技术措施。

(4) 消防水箱的出水管上应设置止回阀,以防止发生火灾后由消防水泵供给的消防用水进入消防水箱。

4. 消防稳压装置

消防给水系统的稳压装置用于保持消防给水管道系统最不利点工作压力常用的稳压装置有高位水箱、气压给水装置和稳压水泵。

(1) 高位水箱

在消防系统中,若采用高位水箱,应保证消防水箱的设置高度满足最不利点消火栓的静水压力。一类高层公共建筑不应低于 0.10 MPa,但当建筑高度超过 100 m 时,不应低于 0.15 MPa;高层住宅、二类高层公共建筑、多层公共建筑不应低于 0.07 MPa,多层住宅不宜低于 0.07 MPa;工业建筑不应低于 0.10 MPa,当建筑体积小于 20 000 m^3 时,不宜低于 0.07 MPa;自动喷水灭火系统等自动水灭火系统应根据喷头灭火需求压力确定,但最小不应小于 0.10 MPa;

(2) 气压给水装置

在消防系统中,若高位消防水箱设置高度不能满足静水压力要求时,应采用增压、稳压措施,气压给水装置是最常用的装置。图 3-5 所示是稳压水泵加卧式气压水罐的稳压装置。在消防给水系统中,要求稳压装置必须保证消防给水管道系统最不利点的工作压力;用于补充系统水量的气压水罐调节水容量为两支水枪和5个喷头30 s的用水量。

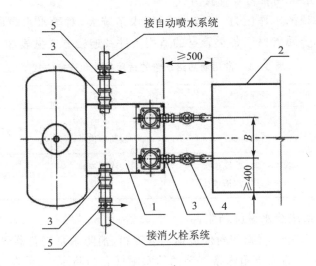

1—立式增压稳压设备;2—高位水箱或水池;3—可曲挠橡胶接头;4—截止阀;5—蝶阀

图 3-5　稳压气压给水装置的布置

（3）稳压水泵

若高位消防水箱不能满足静水压力要求时,也可以采用稳压水泵加压力开关组成的加压、稳压装置,稳压泵的开启与关闭由装在消防水泵出水管上的压力开关自动控制,如图 3-6 所示。当系统压力下降,低于消防管网平时压力 0.02 MPa 时,稳压水泵开启。恢复到工作压力后,稳压泵关闭。当压力下降至低于消防管网工作压力 0.07～0.10 MPa 时,消防水泵开启,稳压水泵停止工作。

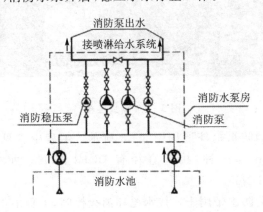

图 3-6　稳压泵布置示意图

5. 消防给水管材与给水附件

（1）消防给水常用管材及连接方式

消防给水系统的工作压力一般比生活给水系统大，对给水水质的要求不高。因此工程上常使用金属管材。各类管材的适用条件及连接方式见表3-1。

表3-1　常用消防给水管的适用条件和连接方式

管　材	镀锌钢管	无缝钢管	球墨铸铁管
适用条件	DN≤100 的室内消防管道	DN＞100 的室内消防管道	埋地敷设的消防管道
连接方式	DN＜80 时，螺纹连接 DN≥80 时，沟槽连接	焊接、沟槽连接、法兰连接	胶圈柔性接口

（2）消火栓系统给水设施与附件

消火栓给水系统的设施和附件包括消火栓箱、消防水泵接合器等。

1）消火栓箱。消火栓箱内常安装的给水附件有消防水枪、消防水带、消火栓、消防卷盘、消防按钮、手提式灭火器等，如图3-7所示。

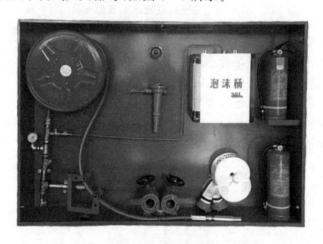

图3-7　消火栓箱

① 消防水枪。消防水枪外形如图3-8所示。工程中常见的水枪喷口直径有13 mm、16 mm、19 mm 三种，接口直径有 DN58、DN65 两种。常用的口径为19 mm，接口直径为 DN65。

② 消防水带。消防水带用于连接水枪和消火栓阀，工程中常用的水带材料有帆布和帆布衬胶两种；规格直径有 50 mm、65 mm 两种；长度有 15 m、20 m、25 m 三种。消防水带外形如图3-9所示。

③ 消火栓。消火栓是设置在室内消防给水管网上的消防供水装置，由阀、出水

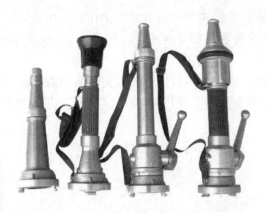

图 3-8 消防水枪

口和壳体等组成。出水口直径有 DN50、DN65，类型有单阀单出口、双阀双出口两种，其外形如图 3-10 所示，工程中常用的规格是 DN65 的单阀单出口消火栓。

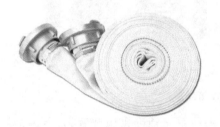  

图 3-9　消防水带　　　　　　图 3-10　消火栓头

④ 消防卷盘。为了便于非消防人员的自救，在某些场所的消火栓箱内常配备自救式消防卷盘，消防卷盘栓口直径为 25 mm；胶带内径有 19 mm、25 mm；长度为 30 m；配喷口直径 6 mm 的水枪，其外形如图 3-11 所示。

⑤ 消防按钮。消防按钮是设置在消火栓箱内的手动启动型水泵的按钮。当发生紧急情况时，现场人员按下消防报警按钮，可向监控室发出火灾报警信号，手动报警，其外形如图 3-12 所示。

图 3-11　消防卷盘　　　　　　图 3-12　消防按钮

⑥ 手提式灭火器。手提式灭火器主要用于扑灭初期火灾,一般按照建筑物的类型、可燃物的类型、消火栓和自喷系统的设防程度布置,也可考虑安放在消火栓箱的下部。

⑦ 消火栓箱箱体。消火栓箱箱体一般由铝合金加玻璃面板制成,箱体的规格由内置的消防设施数量和布置形式确定,图 3-13 所示为几种消火栓箱外形。

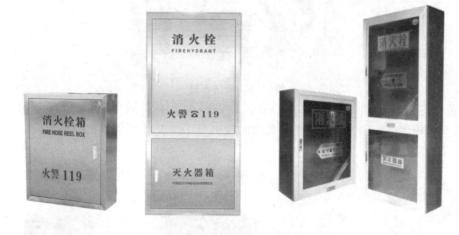

图 3-13 几种消火栓箱外形

2) 消防水泵接合器。消防水泵接合器属于消防系统辅助水源装置,是室内消防管网和室外消防管网的连接设施,类型有地上式、地下式、墙壁式三种,如图 3-14 所示。火灾发生后,消防车通过消防水泵接合器向室内消防系统供水,便于消防队员及时扑救火灾,减少火灾损失。

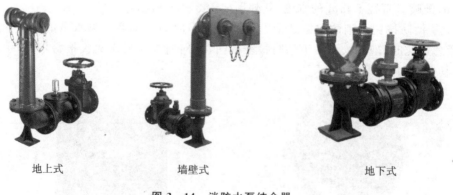

图 3-14 消防水泵结合器

3.2 消防给水设备安装

3.2.1 消防给水系统安装工艺流程

建筑消防给水设备安装工艺流程如图 3-15 所示。

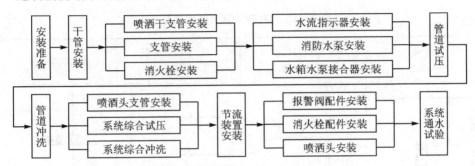

图 3-15 建筑消防给水设备安装工艺流程

3.2.2 消防给水系统设备要求

(1) 自动喷水灭火系统报警阀、水流指示器、运传式蝶阀、水泵接合器等主要组件的规格号应符合设计要求,配件齐全,表面光洁,无裂纹,启闭灵活,有出厂合格证。

(2) 喷洒头的规格、类型、动作温度应符合设计要求,丝扣完整,感温包无破碎松动、易熔片无脱落和松动,有产品出厂合格证。

(3) 消火栓箱体的规格类型应符合设计要求,箱体表面平整、光洁。金属箱体方正,无锈蚀,无划伤。栓阀外观无裂纹,启闭灵活,关闭严密,密封填料完好,有产品出厂合格证。

3.2.3 消防给水系统质量要求

在消防管道验收前,应对消防管道及其他设备部件进行检查,对不符合设计和验收要求的必须返工整改。

(1) 喷头安装

1) 喷头安装应在系统试压、冲洗合格后进行。

2) 喷头安装时宜采用专用的弯头、三通。

3) 喷头安装时,不得对喷头进行拆装、改动,并严禁给喷头附加任何装饰性涂层。

4) 喷头应使用专用扳手安装,严禁利用喷头的框架施拧;当喷头的框架、溅水盘产生变形或原件损伤时,应采用规格、型号相同的喷头更换。

5) 当喷头的公称直径小于 10 mm 时,应在配水干管或配水管上安装过滤器。

6）安装在易受机械损伤处的喷头,应加设喷头防护罩。

7）喷头安装时,溅水管与吊顶、门、窗、洞口或墙面的距离应符合设计要求。

8）当通风管道宽度大于1.2 m时,喷头应安装在其腹面以下的部位。

9）常见喷头的安装形式见表3-2。

10）当喷头安装在不到顶的隔断附近时,喷头与隔断的水平距离和最小垂直距离应符合表3-3的规定。

表3-2 几种喷头常见的安装形式

直立型喷头安装	带集热板的直立型喷头安装	有吊顶的下垂型喷头安装	边墙型喷头安装

表3-3 喷头与隔断的水平距离和最小垂直距离

水平距离/mm	150	225	330	375	450	600	750	>900
最小垂直距离(mm)	75	100	150	200	236	313	336	450

(2) 报警阀组的安装

报警阀组的安装应先安装水源控制阀、报警阀,然后再进行报警阀辅助管道的连接。水源控制阀、报警阀与配水干管的连接,应使水流方向一致。报警阀组安装的位置应符合设计要求;当设计无要求时,报警阀应安装在便于操作的明显位置,距室内地面高度宜为1.2 m;两侧与墙的距离不应小于0.5 m,正面与墙的距离不小于1.2 m。

1）报警阀组件的安装要求

① 压力表应安装在报警阀上便于观测的位置。

② 排水管和试验阀应安装在便于操作的位置。

③ 水源控制阀安装应便于操作,且应有明显开闭标志和可靠的锁定设施。

2）湿式报警阀组的安装要求

① 应使报警阀前后的管道中能顺利充满水;压力波动时,水力警铃不应发生误报警。

② 报警水流通路上的过滤器应安装在延迟器前,而且是在便于排渣操作的

位置。

③ 水力警铃应安装在公共通道或值班室附近的外墙上,且应安装检修、测试用的阀门。水力警铃和报警的连接应采用镀锌钢管。当镀锌钢管的公称直径为 15 mm 时,其长度不应大于 6 m;当镀锌钢管的公称直径为 20 mm 时,其长度不应大于 20 m,而且安装后的水力警铃启动压力不应小于 0.05 Mpa。

(3) 水流指示器的安装

1) 水流指示器安装前,水流指示器的规格、型号应符合设计要求。

2) 水流指示器应竖直安装在水平管道上侧,其动作方向应和水流方向一致。安装后的水流指示器桨片、膜片应动作灵活,不应与管壁发生碰擦。

(4) 消防水泵接合器安装

消防水泵接合器的安装应按接口、本体、连接管、止回阀、安全阀、放空管、控制阀的顺序进行。止回阀的安装方向应使消防用水能从消防水泵接合器进入系统。

消防水泵接合器的安装应符合下列规定:

1) 安装在便于消防车接近的人行道或非机动车行驶的地段。

2) 地下消防水泵接合器应采用铸有"消防水泵接合器"标志的铸铁井盖,并在附近设置指示其位置的固定标志。地下消防水泵接合器的安装,进水口与井盖底面的距离应不大于 0.4 m,且不应小于井盖的半径。

3) 地上消防水泵接合器应设置与消火栓区别的固定标志。

4) 墙壁消防水泵接合器的安装应符合设计要求。设计无要求时,其安装高度宜为 1.1 m;与墙上的门、窗、孔、洞的净距离不应小于 2.0 m,且不应安装在玻璃幕墙下方。

(5) 箱式消火栓的安装

箱式消火栓栓口应同墙面成 90°,栓口朝外,离地面高度为 1.1 m。箱壁的尺寸符合施工规范规定,水龙带与消火栓和快速接头应绑扎紧密,并卷折挂在支架上。

3.3 消火栓给水系统图识读及 BIM 建模

3.3.1 消火栓系统图识读

建筑消防给水施工图属于给排水施工图的范畴,图纸的构成与绘图特点与给排水施工图相同。

1. 识图方法

(1) 识读消火栓给水施工图时,首先要对照图纸目录,确认消防给水图纸是否完整,图名与图纸目录是否吻合。

(2) 识读设计施工说明,要了解消火栓给水设计内容,设计、施工使用的防火设计规范、标准图集和图例符号。掌握使用的管材、附件、消防设施、设备的类型和技术参数以及施工技术要求。

(3) 识读消火栓给水平面图,应了解建筑使用功能对消火栓给水的设计要求;注意消防管道系统、消火栓箱布置与房屋建筑平面的相互关系;消防给水立管的位置、编号;消火栓系统的编号;管径、管道坡度等。

(4) 识读消火栓系统轴测图和展开系统原理图,应与平面图对照读图,建立全面、完整的消火栓系统形象。了解消防设备的设置标高、管道的空间走向、管径和给水方式;掌握它们的类型、规格等。读图顺序可按水流方向,如给水引入管→消防蓄水设施→加压设备→消防给水横干管→消防给水立管→消火栓→室内消防引出管→消防水泵接合器。

2. 消火栓给水系统施工图识读

(1) 水施 02 设备、材料表、图纸目录

关注消火栓管道管材信息、管道连接方式目录,如图 3-16 所示。

1.3 消防给水管道:消火栓系统采用热浸镀锌钢管,自动喷水灭火系统采用热浸镀锌钢管,DN≤50 螺纹连接,DN>50 采用沟槽卡箍连接,建筑外墙以外埋地管道采用球墨给水铸铁管,橡胶圈承插连接。

图 3-16 消火栓给水系统方式目录

(2) 水施 03~06 给排水平面图

以水施 03 一层给排水平面图为例的识图内容,如图 3-17 所示。

① 关注消火栓水平管(红色)的走向。

② 关注埋地干管的平面位置、编号、直径和安装高:分别为Ⓐ和Ⓑ,管道直径 DN 100,标高-1.4 m。

③ 关注一层消火栓干管的平面位置、直径、标高,干管直径 DN 100,标高 4.5 m。

④ 关注立管的编号,编号分别为 XL-1 至 XL-7,XL-s1 至 XL-s2。

⑤关注消火栓箱、消防蝶阀、水泵接合器的位置,如图 3-18 所示。

(3) 水施 11 给水系统、消火栓系统原理图(图 3-19)

关注立管各立管、标高和直径信息。消火栓立管 XL-1、XL-4、XL-7 负责立管位置 1~5 层消火栓箱供水,消火栓立管 XL-2、XL-3、XL-6、XL-7 负责立管位置 2 层至 5 层消火栓箱供水,立管 XL-s1 至 XL-s2 只负责 1 层对应区域消火栓供水。

第3章 建筑消防给水系统

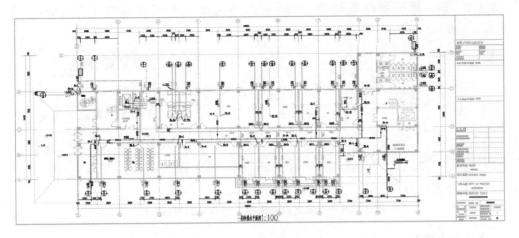

图3-17 一层给排水平面图

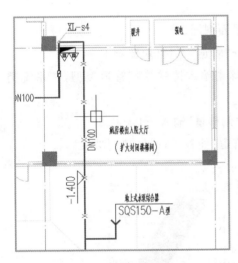

图3-18 消火栓部件位置

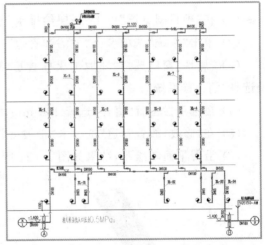

图3-19 消火栓系统原理图

3.3.2 消火栓给水系统 BIM 建模

1. 绘制消火栓系统干管

【任务说明】在 Revit 软件中打开"门诊楼项目机电模型中心文件"项目文件,根据提供的给排水施工图纸完成消火栓系统干管模型的绘制。

【任务目标】学习使用"管道"命令绘制消火栓管道模型。

【任务分析】以一层给排水平面图(图3-20)为例讲解消火栓干管的绘制方法。从图3-19中可知本项目消火栓埋地干管分别为㋐和㋒,管道直径 DN100,标高

—1 400 mm。其平面位置如图；一层室内消火栓水平干管直径 100 mm,偏移量为 4 500 mm。

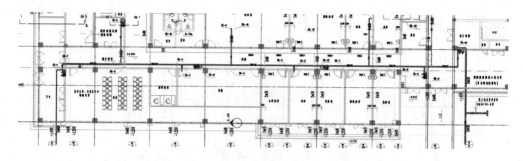

图 3-20　一层室内消火栓给排水平面图(部分)

【任务实施】

1. 绘制消火栓埋地干管

(1) 在"项目浏览器"单击"一层给排水"平面视图。

(2) 单击"系统"选项卡→"卫浴和管道"→"管道"工具(快捷键 P+I)。

(3) "属性"窗口选择"埋地消火栓管道(球墨给水铸铁管)"管道类型,在系统类型选择"消火栓系统"。

(4) 在选项栏位置"直径"选择 100 mm,"偏移量"输入—1 400。

(5) 在"修改|放置管道"选项卡"带坡度管道"面板中选择"禁用坡度"。

(6) 沿着平面图绘制,结果如图 3-21 所示。

图 3-21　埋地干管

图 3-22　消火栓埋地干管绘制结果

2. 绘制一层消火栓水平干管(图 3-22、图 3-23)

(1) 单击"系统"选项卡→"卫浴和管道"→"管道"工具(快捷键 P+I)。

(2) "属性"窗口选择"消火栓管道(热浸镀锌钢管)"管道类型,系统类型选择"消火栓系统"。

(3) 选项栏位置"直径"选择 100 mm,"偏移量"输入—1400。

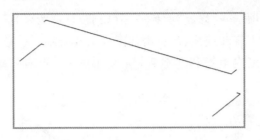

图 3-23　一层消水栓水平干管平面绘制

（4）在"修改|放置管道"选项卡"带坡度管道"面板中选择"禁用坡度"。

（5）沿着平面图绘制。

2. 绘制消火栓系统立管

【任务说明】在 Revit 软件中打开"门诊楼项目机电模型中心文件"项目文件,根据提供的给排水施工图纸完成消火栓系统立管模型的绘制。

【任务目标】学习使用"管道"命令绘制消火栓管道模型。

【任务分析】根据识图可知本项目各立管、标高和直径信息。其中消火栓立管 XL-1、XL-4、XL-7 负责立管位置 1~5 层消火栓箱供水,消火栓立管 XL-2、XL-3、XL-6、XL-7 负责立管位置 2~5 层消火栓箱供水,立管 XL-s1 至 XL-s2 只负责 1 层对应区域消火栓供水。

【任务实施】

（1）绘制编号为 XL-s4 的立管

由结合系统图和平面图可知,如图 3-24 和 3-25 所示,立管 XL-s4 顶部和室内横干管连接,底部与埋地干管相连,两根水平管垂直,因此,可采用"修剪为角"命令进行连接。

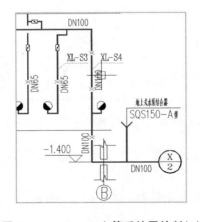
图 3-24　XL-S4 立管系统图绘制(1)

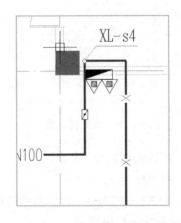
图 3-25　XL-S4 立管绘制(2)

1) 单击"修改"选项卡→"修改"面板→(修剪/延伸为角)。
2) 依次选择室内干管和埋地管,单击如图 3-26 所示。
3) 从左往右框选室内干管和埋地管,输入"B+X",查看三维视图,如图 3-27 所示。

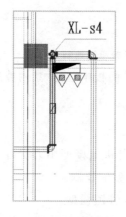
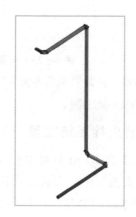

图 3-26 单击干管和埋地管　　图 3-27 查看干管和埋地管三维视图

(2) 绘制编号为 XL-2、XL-3、XL-6、XL-7 的消火栓立管

如图 3-28 所示,将这些立管与消火栓横管相连。

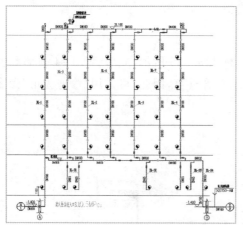
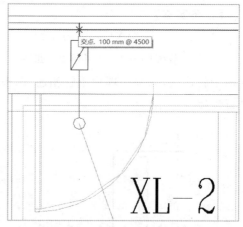

图 3-28 消炎栓立管　　图 3-29 从干管连接点开始绘制消火栓立管

(1) 根据水施 11"给水系统、消火栓系统原理图"查看立管的标高,底部标高为 4 500 mm,顶部标为 21 100 m。

(2) 以"XL-2"为例,从与干管的连接点开始绘制,如图 3-29 所示。

① 输入"P+I"快捷键。

②"属性"窗口选择"消火栓管道(热浸镀锌钢管)"管道类型,系统类型选择"消火栓系统"。

③状态栏输入偏移量为 4 500 mm,直径为 100 mm。

④将鼠标放到如图交点处,当线颜色变成深色时,单击。

⑤将鼠标移至立管中心,出现端点符号时(图 3-30),单击。

⑥状态栏输入偏移量"21 100 mm",双击应用,按"Esc"退出管道绘制,结果如图 3-31 所示。

步骤 3 重复步骤 2 完成 XL-3、XL-6、XL-7,结果如图 3-32 所示。

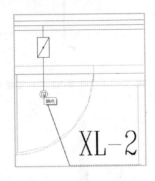 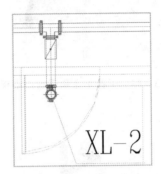

图 3-30　端点设置　　　　　　　　图 3-31　设置偏移量

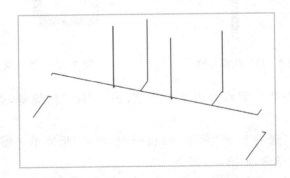

图 3-32　完成 XL-3、XL-6、XL-7 绘制

(3)绘制编号为 XL-1 的消火栓立管

用三通将这个立管与干管连接起来,在绘制立管的过程中,如果识别到干管端点,软件容易自动生成弯头,因此,绘制时候需避开干管端点。以 XL-1 为例,可让干管端点和干管中心保持适当距离,如图 3-33 所示。

1)根据水施 11 "给水系统、消火栓系统原理图"查看立管的标高,底部标高为 -1400m,顶部标为 21 500 m,21 100 mm 以下管径为 100 mm,以上为 20 mm,顶端设有排气阀。

2) 绘制立管 XL-1:输入"P+I"快捷键→输入立管顶部偏移量 21 500 mm,直径 100 mm→单击立管水平中心点→输入立管底部偏移量 −1 400 mm,直径 100 mm→双击"应用"→按"Esc"退出管道绘制。

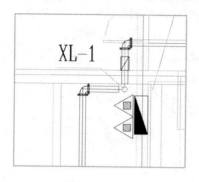

图 3-33 干管端点和干管中心保持距离

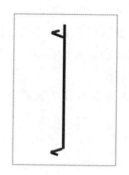

图 3-34 查看 XL-1 三维视图

图 3-35 生成三通

图 3-36 生成弯头

3) 从左往右框选立管和旁边水平管道,输入"BX"快捷键,查看三维视图,如图 3-34 所示。

4) 单击"修改"选项卡→"修改"面板→ (修剪/延伸单一图元),依次单击立管、室内干管,生成三通,如图 3-35 所示。

5) 单击"修改"选项卡→"修改"面板→ (修剪/延伸为角),依次单击立管和埋地管,生成弯头,如图 3-36 所示。

6) 修改 21 100 mm~21 500 mm 段管道直径。

① 单击"修改"选项卡→"修改"面板→ (拆分图元)如图 3-37 所示。

② 在立管顶部位置处单击鼠标,生成接头,如图 3-38 所示。

③ 选中接头,在属性窗口设置接头标高为 21 100 mm,如图 3-39 所示。

④ 选中接头上段管道,在状态栏修改直径为 20 mm,如图 3-40 所示。

图 3-37 修改拆分图元

图 3-38 生成接头

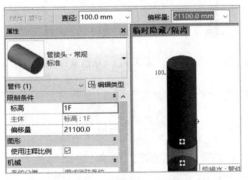

图 3-39 设置接头标高

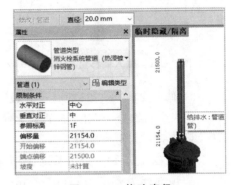

图 3-40 修改直径

（4）绘制编号为 XL-4 的消火栓立管

将这个立管与干管相连。

1）根据水施 11"给水系统、消火栓系统原理图"查看立管的标高，底部标高为 1 100 m，顶部标为 21 500 m，4 500 mm 以下管径为 65 mm，4 500 mm～21 100 mm 管径为 100 mm，以上为 20 mm，顶端设有排气阀。

2）输入"P+I"快捷键→输入偏移量 4 500 mm，直径 100 mm→将鼠标放到交点处，当线颜色变成深色时，单击鼠标，如图 3-41 所示。

3）将鼠标移至距离立管中心还有一点距离时，单击鼠标，如图 3-42 所示。

4）若是管线绘制完成后有偏移，单击"对齐"命令，先单击 cad 图纸上管线，再单击 revit 水管中心线，即可对齐。

5）绘制立管 XL-4：输入"P+I"快捷键→输入立管顶部偏移量 21 500 mm，直径 100 mm→单击立管水平中心点→输入立管底部偏移量 1 100 mm，直径 100 mm→双击"应用"→按"Esc"退出管道绘制。

6）从左往右框选立管和旁边水平管道，输入"BX"快捷键，查看三维视图。

7) 单击"修改"选项卡→"修改"面板→(修剪/延伸单一图元),依次单击立管、室内干管,生成三通。

8) 修改 1 100 mm—4 500 mm 段管道直径。选中该管道,在状态栏修改直径为 65 mm,如图 3-43 所示。

 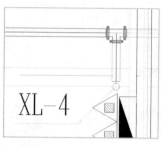 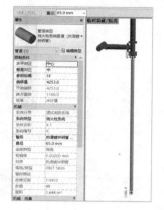

图 3-41　输入偏移量　　图 3-42　移到立管中心距离　　图 3-43　修改管道直径

9) 修改 21 100～21 500 mm 段管道直径为 20 mm,参考步骤3)步骤6。

(5) 绘制编号为 XL-5 的消火栓立管

将此立管与干管相连。

1) 根据水施11"给水系统、消火栓系统原理图"查看立管的标高,底部标高为 1 100 m,顶部标为 21 500 m,4 500 mm 以下管径为 65 mm,4 500 mm～21 100 mm 管径为 100 mm,以上为 65 mm,顶端设试验消火栓。

2) 输入"P+I"快捷键→输入偏移量 4 500 mm,直径 100 mm,绘制和 XL-5 立管相连的水平干管,如图 3-44 所示。

3) 绘制 XL-5 立管:鼠标移至距离立管中心还有一点距离时,单击鼠标如图;输入"P+I"快捷键→输入立管顶部偏移量 21 500 mm,直径 100 mm→单击立管水平中心点→输入立管底部偏移量 1 100 mm,直径 100 mm→双击"应用"→按"Esc"退出管道绘制。

4) 从左往右框选立管和旁边水平管道,输入"BX"快捷键,查看三维视图。

5) 单击"修改"选项卡→"修改"面板→(修剪/延伸单一图元),依次单击立管、室内干管,出现错误提示"没有足够的空间",单击取消,如图 3-45 所示。

6) 回到一层平面视图,选中图中所示水平管．如图 3-46 所示。

7) 单击"修改"选项卡 →"修改"面板 →(移动),单击移动起点,鼠标往左移动,输入移动距离,或单击移动终点,如图 3-47 所示。

第3章 建筑消防给水系统

图3-44 绘制水平干管

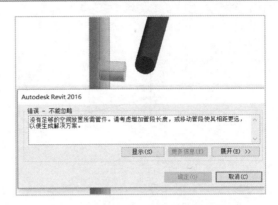

图3-45 修改立管、干管错误提示

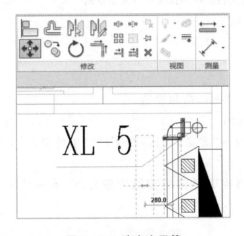

图3-46 选中水平管

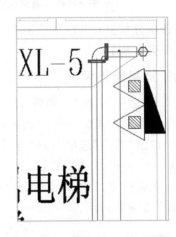

图3-47 修改立管、干管尺寸

8) 在三维视图中单击"修改"选项卡→"修改"面板→ (修剪/延伸单一图元),依次单击立管、室内干管,形成三通。

9) 修改1 100~4 500 mm段管道直径。选中该管道,在状态栏修改直径为65 mm。

10) 修改21 100~21 500 mm段管道直径为20 mm。

11) 最终成果如图3-48所示。

3. 绘制消火栓箱,并与消火栓水管相连

【任务说明】在Revit软件中打开"门诊楼项目机电模型中心文件"项目文件,根据提供的给排水施工图纸完成消火栓系统立管模型的绘制。

【任务目标】

① 学习使用"火警设备"绘制消火栓箱。

② 学习使用"连接到"命令连接消火栓箱与消火栓管道。

③ 学习手动连接消火栓箱与消火栓管道。

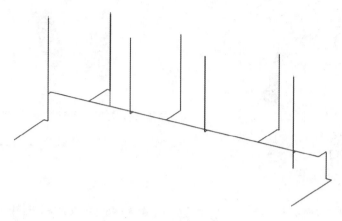

图 3-48 消火栓箱与消火栓水管连接绘制结果示意图

【任务分析】消火栓族类别为"火警设备"。

【任务实施】

4．绘制连接管

（1）方法一 采用"连接到"命令连接消火栓箱和管道

以一层 XL-1 立管处的消火栓箱为例。

1) 单击"系统"选项卡→"电气"面板→"设备"按钮,在下拉菜单处单击"火警",如图 3-49 所示。

2) 在属性窗口中,"标高"改成当前楼层对应的建筑面板标高,偏移量修改为100,如图 3-50 所示。

图 3-49

图 3-50 修改偏移量

3) 将视图中出现"消火栓箱"移至 cad 图中消火栓箱图例边框线上,如图 3-51 所示。

4) 按空格键调整消火栓箱方向,保证消火栓箱开启方向和 cad 图纸一致,目测对齐,单击放置消火栓箱,如图 3-52 所示。

5) 若消火栓箱位置放置不准,则用"对齐"命令进行调整。

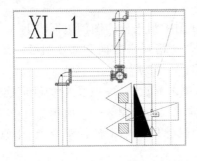

图 3-51 将"消火栓箱"移至边框

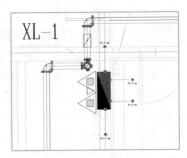

图 3-52 调整消火栓方向

6) 选择消火栓,在左侧的属性栏中,单击"修改|喷头"选项卡→"布局"面板→"连接到"工具,如图 3-53 所示;出现"选择连接件"窗口,如图 3-54 所示。

7) 选择距离立管较近的连接件,面对消火栓箱,选择"连接件 2 左",单击,确定。

图 3-53 选择
"消火栓"属性

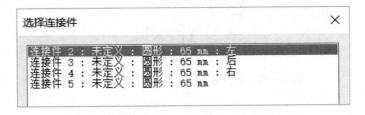

图 3-54 选择消火栓连接件

8) 鼠标移至 XL-1 立管中心处,立管变色,如图 3-58 所示。
9) 单击鼠标,选消防管,如图 3-56 和图 3-57 所示。

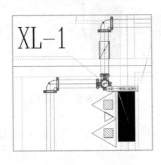

图 3-55 立管变色

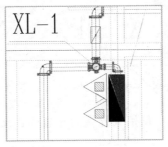

图 3-56 设计消防管(1)

图 3-57 设计消防管(2)

(2) 方法二 手动绘制连接管

以一层 XL-s1 立管处的消火栓箱为例。

1) 单击"系统"选项卡→"电气"面板→"设备"按钮,在下拉菜单处单击"火警"。

2)在属性窗口中,将"标高"改成当前楼层对应的建筑面板标高,偏移量修改为 100。

3)将视图中出现的"消火栓箱",移至 cad 图中消火栓箱图例边框线上。

4)按空格键调整消火栓箱方向,保证消火栓箱开启方向和 cad 图纸一致,目测对齐,单击"放置消火栓箱",放置后,对齐,如图 3-58 所示。

5)选择消火栓箱,出现 4 个管道连接件,单击靠近 XL-s1 立管的管道连接件。

6)向右绘制至立管处,单击鼠标,完成管段绘制,如图 3-59 所示。

7)将状态栏偏移量修改为 4 500 mm,用鼠标依次单击连接管端点、干管交点,结果如图 3-60 和图 3-61 所示。

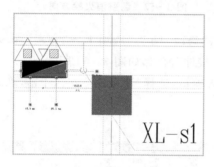

图 3-58 调整消火栓方向

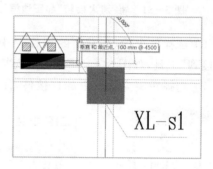

图 3-59 完成消火栓管段绘制

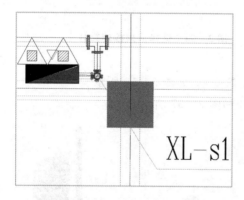

图 3-60 修改连接管、干管(1)

图 3-61 修改连接管、干管(2)

按照上述两种方法完成一层消火栓箱的布置和连接,首选"连接到"的连接方法,如图 3-62 和图 3-63 所示。

第 3 章　建筑消防给水系统

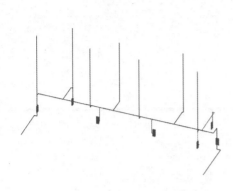
图 3-62　完成消水栓的布置和连接(1)

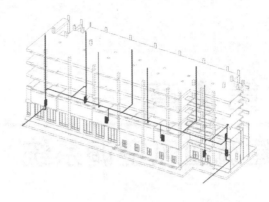
图 3-63　完成消水栓的布置和连接(2)

5. 绘制消火栓系统管道附件

(1) 蝶阀图例如图 3-64 所示。

(2) 单击"系统"选项卡→"卫浴和管道"面板→ "管路附件"(快捷键 P+A)。

(3) 在"属性"窗口中单击"类型选择器"下拉列表,选择对应类型(直径100 mm) "蝶阀"附件。

(4) 将"蝶阀"移至管道对应的位置上,管道中心线变色,单击管段的中心线,将附件连接到管段上,如图 3-65 和图 3-66 所示。

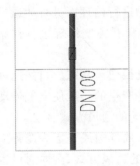
图 3-64　蝶阀图例

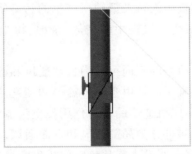
图 3-65　将蝶阀移至管道上

图 3-66　连接附件与管段

(5) 使用 Revit 软件绘制消火栓系统模型的操作步骤主要分为五步。第一步,设置消火栓管道类型;第二步,设置消火栓系统类型;第三步,绘制消火栓主干管;第四步,绘制消火栓立管(包括绘制立管、连接立管与横干管等);第五步,布置消火栓(含有载入消火栓族、布置消火栓、连接消火栓与消火栓立管等小步骤);第六步,布置消火栓系统阀门(载入阀门族、布置阀门等小步骤) 第七步,布置消火栓系统阀门(载入阀门族、布置阀门等小步骤);第八步,布置消火栓水泵接合器。

第 4 章 建筑通风空调系统

4.1 基础知识

4.1.1 建筑通风系统

1. 建筑通风系统的原理及形式

建筑通风系统根据通风服务对象的不同可分为民用建筑通风和工业建筑通风民用建筑通风系统是对民用建筑中人员及活动所产生的污染物进行治理而进行的通风系统；工业建筑通风系统是对生产过程中的余热、余湿、粉尘和有害气体等进行控制和治理而进行的通风系统。

通风系统根据通风系统动力的不同可分为自然通风和机械通风系统。自然通风系统是依靠室外风力造成的风压以及由室内外温差和高度差产生的热压使空气流动的通风方式；机械通风是依靠风机造成的压力作用使空气流动的通风方式。

根据通风的作用范围不同可分为局部通风和全面通风。局部通风是指为改善室内局部空间的空气环境，向该空间送入或从该空间排出空气的通风方式；全面通风也称稀释通风，它是对整个车间或房间进行通风换气，将新鲜的空气送入室内，以改变室内的温、湿度和稀释有害物的浓度，同时把污浊空气不断排至室外，使工作地带的空气环境符合卫生标准要求的方式。

（1）自然通风

自然通风的动力有热压和风压两种。热压是由于室内外温度差导致室内外空气密度差所产生的；风压主要指室外风作用在建筑物外围护结构而造成的室内外静压差。热压和风压作用下的自然通风示意图如图 4-1～图 4-2 所示。

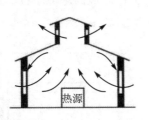
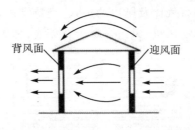

图4-1 热压作用的自然通风　　　图4-2 风压作用的自然通风

自然通风不需要消耗机械动力,经济、使用管理方便,对于产生大量余热的空间,利用自然通风可以获得较大的换气量,是一种经济有效的通风方式。但是自然通风易受室外气象条件的影响,特别是风力的作用很不稳定,所以自然通风主要用于排除余热的空间。

(2)局部通风系统

局部通风系统分为局部送风系统和局部排风系统

1)局部送风系统。局部送风系统是以一定的速度将空气直接送到指定地点的通风方式,对于面积较大,工作地点比较固定,操作人员较少的生产空间,用全面通风的方式来改善整个空间的空气环境是困难的,而且也不经济。通常在这种情况下,可以采用局部送风,以形成对工作人员合适的局部空气环境。局部送风系统可分为系统式和分散式两种。

① 系统式局部送风是通过送风管道及送风口,将室外新风以一定风速直接送到室内各个地方,也称作空气淋浴,如图4-3所示,其可使局部地区空气品质和热环境得到改善。

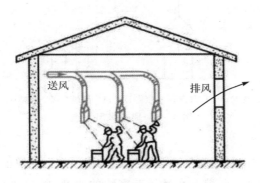

图4-3 系统式局部送风系统

② 分散式局部送风。风扇送风:采用轴流风扇或喷雾风扇在高温空间内部进行局部送风,适用于对空气处理要求不高,可采用室内再循环空气的地方。有普通风扇、喷雾风扇等。空气幕:空气幕是利用条状喷口喷出一定速度和温度的幕状气流,用于隔断室内外空气对流的送风装置。其作用是减少或隔绝外界气流的侵入,可阻

挡粉尘、有害气体及昆虫的进入，维持室内或某一工作区域的环境条件。空气幕由空气处理设备、风机、风口三者组合而成，如图4-4所示。

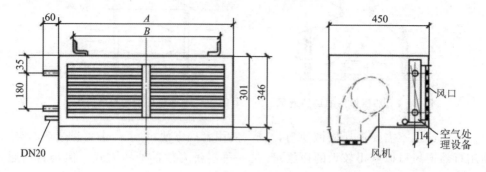

图4-4 空气幕构造示意图

2）局部排风系统。局部排风系统由排气罩、风管、净化设备和风机等组成，如图4-5所示。它是防止工业有害物污染室内空气最有效的方法，运行时直接将有害物搜集起来，经过净化处理，排至室外。与全面通风相比，局部排风系统需要的风量小、效果好，设计时应优先考虑。

局部通风一般用于工矿企业，民用建筑中的厨房排油烟系统，其也属于局部通风。

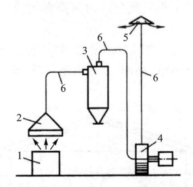

1—有害物源；2—排气罩；3—净化装置；4—排风机；5—风帽；6—风道

图4-5 局部排风系统

（3）全面通风系统

全面通风也称稀释通风，它是对整个车间或房间进行通风换气，将新鲜的空气送入室内，以改变室内的温度、湿度和稀释有害物的浓度，同时把污浊空气不断排至室外，使工作地带的空气环境符合卫生标准的要求。全面通风的效果与通风量和通风气流的组织有关。它适用于有害物分布面积广以及有些不适合采用局部通风的场合，它所需的风量大，设备较为庞大。

全面通风系统又可分为全面送风、全面排风和全面送排风。

1）全面送风。全面送风是指向整个空间全面均匀地进行送风的方式。图4-6

所示为全面机械送风系统,它利用风机把室外大量新鲜空气经过风道、风口不断送入室内,将室内空气中的有害物浓度稀释到相关允许范围内,以满足卫生要求,这时室内处于正压,室内空气通过门、窗压排至室外。

2) 全面排风。全面排风既可以利用自然排风,也可以利用机械排风。图4-7所示为在生产有害物房间设置的全面机械排风系统,它利用全面排风将室内的有害气体排出,而进风来自不产生有害物的邻室和本房间的自然进风,这样,通过机械排风可形成一定的负压,可以防止有害物向卫生条件好的邻室扩散。

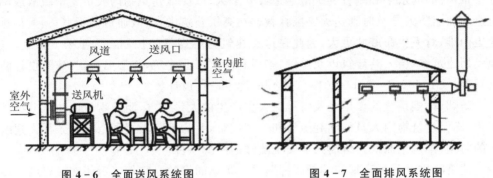

图4-6 全面送风系统图　　　　图4-7 全面排风系统图

3) 全面送、排风。在很多情况下,一个车间可采用全面送风系统和全面排风系统相结合的全面送、排风系统,如门窗密闭、自然排风和进风比较困难的场所。可以通过调整送风量和排风量的大小,使房间保持一定的正压或负压。图4-8所示为全面送、排风系统。

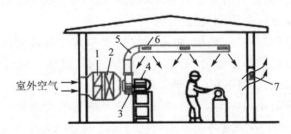

1—空气过滤器;2—空气处理器;3—通风机;4—电机;5—送风管;6—送风口;7—排风口

图4-8 全面机械送排风系统

全面通风系统一般是由进风百叶窗、空气过滤器、空气处理器、通风机、风道、送排风口等设备组成。地下车库的送风排烟系统就属于全面通风方式。

(4) 事故通风

事故通风是用于排除或稀释空间内发生事故时突然散发大量有害物质、有爆炸危险气体或蒸气的通风方式。为了防止其对室内工作人员造成伤害和财产损失而设置的排风系统称事故通风系统。

事故通风只是在紧急的事故情况下使用,因此排风可以不经净化处理而直接排向室外,而且也不必设机械补风系统,可由门、窗自然补入空气,但应留有空气自然补入的通道。

2. 建筑防烟、排烟系统

火灾时产生的烟气是造成人员伤亡的主要原因。在火灾事故的死伤者中,大多数是由于吸入烟气而窒息或中毒所造成的;烟气的遮光作用使人逃生困难而被困于火灾中。因此,火灾发生时应当及时对烟气进行控制,并在建筑物内创造无烟(或烟气含量极低)的水平和垂直的疏散通道或安全区,以保证建筑物内人员安全疏散或临时避难和消防人员及时到达火灾区扑救。在高层建筑中,疏散通道的距离长,人员逃生更困难,对人生命威胁更大,因此在这类建筑物中烟气的控制尤为重要。住宅、其他民用建筑、单层公共建筑以及单层、多层和高层工业建筑,应遵循我国《建筑设计防火规范》[GB 50016—2014(2018年版)]的规定进行设计。

防烟、排烟系统的作用是及时排除火灾产生的大量烟气,阻止烟气向防烟分区外扩散,确保建筑物内人员的顺利疏散和安全避难,并为消防救援创造有利条件。建筑内的防烟、排烟是保证建筑内人员安全疏散的必要条件。

建筑防排烟分为防烟和排烟两种形式。防烟的目的是将烟气封闭在一定的区域内,以确保疏散线路畅通,无烟气侵入。排烟的目的是将火灾时产生的烟气及时排除,防止烟气向防烟分区以外扩散,以确保疏散通路和疏散所需时间。

(1) 控制烟气流动的主要方法

1) 划分防火和防烟分区。墙、楼板、门等都具有隔断烟气传播的作用,为了防止火势蔓延和烟气传播,世界各国的法规中对建筑物内部间隔作了明文规定,规定建筑物中必须划分防火分区和防烟分区。

防火分区是指用防火墙、楼板、防火门或防火卷帘等分隔的区域,可以将火灾在一定的时间内限制在局部区域内,不使火势蔓延,同时对烟气也起了隔断作用。防火分区是控制耐火建筑火灾的基本空间单元。

防火分区按照防止火灾向防火分区以外扩大蔓延的功能可分为两类:其一是竖向防火分区,用以防止多层或高层建筑物层与层之间竖向发生火灾蔓延;其二是水平防火分区,用以防止火灾在水平方向扩大蔓延。

竖向防火分区是指用耐火性能较好的楼板及窗间墙(含窗下墙),在建筑物的垂直方向对每个楼层进行的防火分隔。

水平防火分区是指用防火墙或防火门、防火卷帘等防火分隔物将各楼层在水平方向分隔出的防火区域。它可以阻止火灾在楼层的水平方向蔓延。防火分区应用防火墙分隔。如确有困难时,可采用防火卷帘加冷却水幕或闭式喷水系统,或采用防火分隔水幕进行分隔。

通常高层建筑的竖直方向每层会划分为一个防火分区,用耐火楼板(主要是钢筋混凝土楼板)分隔。

对于在两层或多层之间设有各种开口,如设有开敞楼梯、自动扶梯、中庭(共享空间)的建筑物,应把连通部分作为一个竖向防火分区的整体考虑,且连通部分各层面积之和不应超过允许的水平防火分区的面积。

防烟分区是指采用挡烟垂壁(图 4-9)、隔墙或从顶板下突出不小于 50cm 的梁等具有一定耐火等级的不燃烧体来划分的防烟、蓄烟空间。防烟分区是有利于建筑物内人员安全疏散和有组织排烟,而采取的技术措施。防烟分区在防火分区中分隔,防烟分区、防火分区的大小及划分原则参见现行《建筑设计防火规范》。

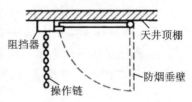

图 4-9 挡烟垂壁

2) 加压送风防烟。加压送风防烟是用风机把一定量的室外空气送入一房间或通道内,使室内保持一定压力或门洞处有一定流速,以避免烟气侵入。

3) 疏导排烟。利用自然或机械作为动力,将烟气排至室外称之为排烟。排烟的目的是排除着火区的烟气和热量,不使烟气流向非着火区,以利于人员疏散和进行扑救。

(2) 高层民用建筑物的防排烟

根据现行《建筑设计防火规范》的规定,一类高层建筑物和建筑高度超过 32 m 的二类高层建筑下列部位,应设置防排烟设施:长度超过 20 m 的内走道或虽有自然通风,而长度超过 60 m 的内走道;面积超过 100 m^2,且经常有人停留或可燃物较多的房间;高层建筑的中庭和经常有人停留或可燃物较多的地下室。

1) 自然排烟。自然排烟利用高温烟气产生的热压和浮力,以及室外风压造成的抽力,把火灾产生的高温烟气通过阳台、凹廊或在楼梯间外墙上设置的外窗和排烟窗排至窗外,这种自然排烟方式,如图 4-10 所示。

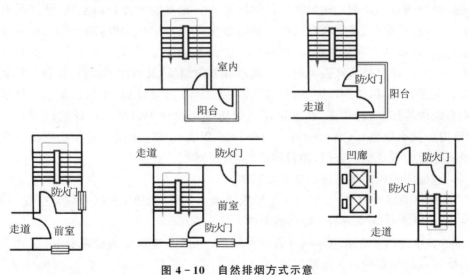

图 4-10 自然排烟方式示意

2) 机械排烟。机械排烟就是使用排烟风机进行强制排烟,以确保疏散时间和疏散通道安全的排烟方式。机械排烟系统工作可靠、排烟效果好,当需要排烟的部位不满足自然排烟条件时,应设机械排烟。

机械排烟系统由挡烟垂壁、排烟口、防火排烟阀门、排烟风道、排烟风机和排烟出口组成。机械排烟实质上是一个排风系统,如图4-11所示。

3) 机械加压送风防烟。机械加压送风防烟系统由加压送风机、防火阀、送风口、烟感器、压差控制器等组成,如图4-12所示。

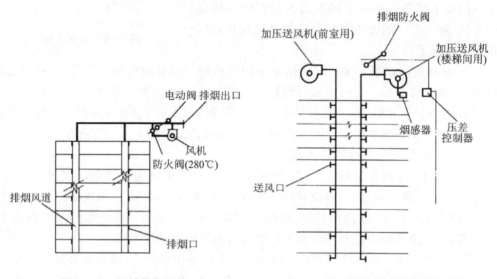

图4-11 机械排烟系统　　图4-12 机械加压送风防烟系统

机械加压送风是利用送风机向防烟区送入一定量的室外新鲜空气,使之具有一定的正压,在楼梯间、前室或合用前室和走道中形成一定压力差,防止烟气侵入疏散通道,使空气流动方向从楼梯间流向前室,由前室流向走道,再由走道流向室外或先流入房间再流向室外。气流流向与人流疏散方向相反,其增加了疏散、援救与扑救的机会。实践表明,机械加压防烟技术具有系统简单、可靠性高、建筑设备投资比机械排烟系统少等优点,近年来,在高层建筑的防排烟设计中得到了广泛的应用。现行《建筑设计防火规范》[GB 50016—2014(2018年版)]规定了高层建筑物应设置独立的机械加压防烟设施的部位,如封闭避难层(间)等。

机械加压送风防烟系统的基本要求有:

① 楼梯间宜每隔2~3层设一个加压送风口,前室的加压送风口应每层设一个。

② 送风管道应采用不燃烧材料制作。

③ 加压送风管应避免穿越有火灾可能的区域,当建筑物条件限制时,穿越有火灾可能区域的风管的耐火极限应不小于1 h。

④ 送风管道应采用耐火极限不小于1 h的隔墙与相邻部位分隔。

3. 风管材料

(1) 风管材料

1) 薄钢板

薄钢板是制作通风管道和部件的主要材料,常用的有普通薄钢板和镀锌钢板。它的规格以短边、长边和厚度来表示。

① 普通薄钢板:普通薄钢板有板材和卷材2种。这类钢板有较好的加工性能和较高的机械强度,价格便宜。由于表面易生锈,制作时需进行防腐处理。

② 镀锌钢板:镀锌钢板俗称"白铁皮",常用的厚度一般为0.5~1.5 mm,其规格尺寸与普通薄钢板相同。镀锌钢板表面有保护层,可防腐蚀,一般不须刷漆。多用于防潮湿的风管系统,效果比较好。

2) 不锈钢钢板。不锈钢有较高的塑性、韧性和机械强度,耐腐蚀,是一种不锈的合金钢。不锈钢钢板具有表面光洁,不易腐蚀和耐酸等优点,常用于输送含腐蚀性介质的通风系统或制作厨房排油烟风管等。

3) 铝板。铝板有纯铝和合金铝。合金铝板机械强度较高,抗腐蚀能力较差,通风工程用铝板多数为纯铝和经退火处理过的合金铝板。铝板色泽美观,密度小,有良好的塑性、耐酸性较强,常用于有防爆要求的通风系统。

4) 塑料复合钢板。在普通钢板上面粘贴或喷涂一层塑料薄膜,就成为塑料复合钢板。它的特点是耐腐蚀,弯折、咬口、钻孔等的加工性能也好。塑料复合钢板常用于空气洁净系统及温度在-10~+70 ℃范围内的通风与空调系统。

5) 硬聚氯乙烯塑料板。硬聚氯乙烯塑料板具有表面平整光滑、耐酸碱腐蚀性强、物理机械性能良好、制作方便等特点,但不耐高温和太阳辐射。主要适用于0~60 ℃的环境、有酸性腐蚀作用的通风管道。

6) 玻璃钢。玻璃钢是一种非金属性防腐材料,由玻璃纤维和合成树脂黏结剂制成。其特点是强度较高、重量轻、具有耐腐蚀性能。常用于排除腐蚀性气体的通风系统中。

保温玻璃钢风管将管壁制成夹层,夹心材料可以为聚苯乙烯、聚氨酯泡沫塑料、蜂窝纸等保温材料,常用于需要保温的通风系统。

7) 砖、混凝土风道。多用在多层厂房车间垂直输送或建筑防排烟中,如采用砖砌或混凝土风道时,要求内壁光滑密实,严禁漏风或有水渗入风道内。

(2) 风管的形状和规格

1) 风管断面形状。通风管道的断面有圆形和矩形,在相同截面积下,圆断面风管周长最短;同样风量下,圆断面风管压力损失相对较小,因此,一般工业通风系统都采用圆形风管(尤其是除尘风管)。矩形风管易于和建筑配合,占用建筑层高较低,且制作方便,所以空调系统及民用建筑通风一般采用矩形风管。

2) 风管规格。为了最大限度地利用板材,实现风管设计、制作、施工标准化、机械化和工厂化,风管的断面尺寸(直径或边长)应按《通风与空调工程施工质量验收规范》(GB 50243—2016)中规定的规格下料。

4. 通风系统的主要设备及附件

(1) 通风机

通风机在管路中的作用是输送空气,通风机的基本结构是叶轮、电机、外壳。在通风工程中,根据通风机的作用原理,通风机可分为离心式、轴流式、斜流式及混流式风机等。

1) 轴流风机。轴流风机依靠叶轮的推力作用促使气流流动,它的气流方向与机轴相平行,如图4-13所示。这种风机由于安装简单,直接与风管相连,占用空间较小,因此其应用极为广泛。在侧墙上安装的排风扇属于轴流风机的一种。

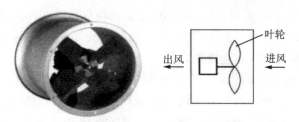

图4-13 轴流风机

2) 离心风机。图4-14所示是离心风机的工作原理及外形图。离心风机的一个显著特点是风量、风压的范围都较广,因此其对各类通风系统有较大的适用性。

排烟风机可采用离心风机或采用排烟专用轴流风机,并应在其机房入口设有当烟气温度超过280 ℃时能自动关闭的排烟防火阀。排烟风机要求在温度280 ℃时能连续工作30 min。

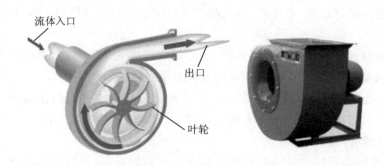

图4-14 离心风机

3) 混流及斜流风机。这两种风机在外形上与轴流式风机类似,如图4-15和4-16所示,都属于管道式风机,但它们工作原理却与轴流风机不相同。它们通过对叶片形状的改变,使气流在进入风机后,既有部分轴流作用,又产生部分离心作用。在安装方面,它们的特点与轴流风机相似,具有接管方便,占用空间较小等优点。

4) 屋顶风机。屋顶风机外形如图4-17所示,其叶轮可采用离心式或轴流式,外壳有多种形状,可以防止雨水进入,适用于厂房、仓库、高层建筑、实验室、影剧院、宾馆、医院等场合。

图4-15　混流风机　　　　图4-16　斜流风机　　　　图4-17　屋顶风机

(2) 消声器

通风空调系统中的动力设备,如风机等会产生空气动力噪声。气流经过风管系统的各个管件、部件时,会产生气流再生噪声。消声器是一种具有吸声内衬或特殊结构形式,能够有效降低噪声的气流管道。在噪声控制技术中,消声器是应用最多、最广泛的降噪设备。

消声器的种类很多,根据消声原理,可以分为四类。

1) 阻性消声器。阻性消声器是利用敷设在气流通道内的多孔吸声材料(又称阻性材料)吸收声能、降低噪声而起到消声作用的。阻性消声器具有良好的中、高频消声性能,体积较小,广泛应用于空气动力设备的噪声控制技术中。

2) 抗性消声器。抗性消声器是利用声波通道截面的突变(扩张或收缩),使沿通道传播的声波反射回声源,从而起到消声作用。它具有良好的低频或低中频消声性能。由于抗性消声器不需要多孔消声材料,因此不受高温和腐蚀性气体的影响。但这种消声器消声频段较窄,空气阻力大,且占用空间多,一般宜在小尺寸的风管上使用。

3) 共振性消声器。共振性消声器是一段开有一定数量小孔的管道同管外一个密闭的空腔连通而构成的共振系统。当外界噪声的频率和共振吸声结构的固有频率相同时,会引起小孔孔颈处空气柱强烈共振,空气柱与颈壁剧烈摩擦,从而消耗了声能,起到消声的作用。这种消声器具有较强的频率选择性,消声效果显著的频率范围很窄,一般用以消除低频噪声。

4) 阻抗复合式消声器。阻抗复合式消声器将阻性消声器与抗性或共振消声器原理组合设计在一个消声器中,克服了阻性消声器低频消声性能较差和抗性消声器高频消声性能较差的缺点,因此,在通风空调系统消声、空气动力设备的消声等噪声控制工程中得到广泛的应用。通风空调工程中广泛应用的是国标T701—6型阻抗复合式消声器(图4-18)。

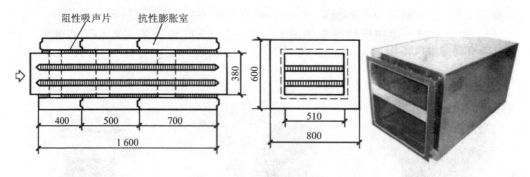

图4-18 阻抗复合式消声器

微穿孔板消声器(图4-19)是在共振式消声结构的基础上发展而来的,它由孔径小于1mm的微穿孔板和孔板背后的空腔构成。由于孔板的孔径小,可以利用自身孔板的声阻,取消阻性消声器穿孔板后的多孔吸声材料,使消声器的结构简化。微穿孔板消声器兼具抗性、阻性的特点,其消声频率范围较宽,气流阻力较小,不使用吸声材料,不起尘。在通风空调系统等降噪工程中广泛应用,并取得了令人满意的效果。

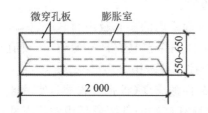 

图4-19 微穿孔板消声器

5)其他形式的消声器。其他形式的消声器主要有消声弯头和消声静压箱两种。当因空调机房面积窄小而难以设置消声器,或需对原有建筑物改善消声效果时,可采用消声弯头(图4-20)。在风机出口或在空气分布器前可设置消声静压箱(图4-21)并贴以吸声材料,既可起到稳定气流的作用,又可以起到消声器的作用。

(3) 风 阀

一般装在风管或风口上,用于调节风量、关闭其支风管、分隔风管系统的各个部分,还可启动风机或平衡风道系统的阻力,常用的风阀有插板阀、蝶阀、对开多叶调节阀、防火阀、排烟阀等。

第4章 建筑通风空调系统

图 4-20 消声弯头

图 4-21 消声静压箱

1)插板阀(图 2-22)。拉动手柄,改变插板位置,即可调节通过风管的风量,关闭严密,多设在风机出口或主干风道上。它体积大,可上下移动(有槽道)。

图 4-22 插板阀

2)蝶阀(图 4-23)。只有一块阀板,转动阀板即可调节风量。多设在分支管或送风口前,用于调节风量,严密性差,不宜作关断用。

3)对开多叶调节阀(图 4-24)。外形类似活动百叶,可通过调节叶片的角度来调节风量。多用于风机出口和主干道上。

(a)手动式

(b)电动式

图 4-23 蝶 阀　　　　图 4-24 对开多叶调节阀

4)防烟防火阀,外形如图 4-25 所示,主要用于通风空调系统的管道穿越防火分区处。平时开启,火灾时当管道内气体温度达 70 ℃时,阀门熔断器自动关闭,以防止烟、火沿通风空调管道向其他防火区蔓延。

5)排烟防火阀,外形与防火阀相似,一般安装在排烟系统的风管上,平时常闭,发生火灾时,烟感探头发出火警信号,迅速打开排烟,当烟道内烟气温度达到 280 ℃时,温度熔断器动作,阀门自动关闭。

(4) 进、排风装置及送风口

1) 室外进风装置。室外进风口是通风和空调系统采集新鲜空气的入口。

2) 室外排风装置。室外排风装置的任务是将室内被污染的空气直接排到大气中去。

排风口要求：一般情况下通风排气主管至少应高出屋面 0.5 m；若附近没有进风装置，排风口应比进风口至少高出 2 m。

图 4-25　防烟防火阀

3) 送风口。通风系统送风口形式有多种。工矿企业常用圆形风管插板式送风口、旋转式吹风口、单面或双面送吸风口、矩形空气分布器、塑料插板式侧面送风口等，民用建筑通风常用百叶风口作送风口。

送风口用于排烟系统中的排烟口或正压送风防烟系统中，外形如图 4-26 所示，其内部为阀门，通过烟感信号联动、手动或温度熔断器使之瞬时开启，外部为百叶窗。

图 4-26　多叶送风口（排烟口）

4.1.2　建筑空调系统

1. 空调系统的分类

(1) 按空调系统服务对象的不同分类

1) 舒适性空调。以室内人员为服务对象，满足人体舒适、健康和高效工作的空气调节称为舒适性空调，如商场、办公楼、宾馆、住宅等建筑物中安装的空调。国家标准《民用建筑供暖通风与空气调节设计规范》(GB 50736—2012)中对舒适性空调房间的室内计算参数作了规定：夏季温度 22 ℃～28 ℃，相对湿度 40%～65%；冬季温度 18 ℃～24 ℃摄氏度，相对湿度 30%～60%。

2) 工艺性空调。以满足某些生产工艺、操作过程或产品储存对空气环境的特定要求为目的空气调节系统，称之为工艺性空调，应用场所如精密仪器制造业、医药食品制造业、纺织工业、无菌手术室等。工艺性空调的室内计算参数由生产工艺过程的特殊要求决定，在可能的情况下，应尽量兼顾人体舒适性的要求。

(2) 按空气处理设备的集中程度分类

1) 集中式空调系统。是指空气经设置在空调机房内的空调处理设备集中处理后,由风道送入各个房间的系统形式。集中式空调系统也称全空气空调系统。

① 集中式空调系统根据空气的重复利用情况可分为直流式空调系统、封闭式空调系统和回风式空调系统,如图 4-27 所示。

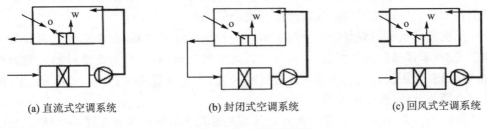

(a) 直流式空调系统　　　　(b) 封闭式空调系统　　　　(c) 回风式空调系统

图 4-27　集中式空调系统

② 直流式空调系统[图 4-27(a)]全部采用室外新鲜空气,新风经处理后送入室内,消除房间的余热和余湿后,再排到室外。一般应用于有较多污染物产生的生产车间。

③ 封闭式空调系统[图 4-27(b)]全部采用再循环的空气,仅用于库房等很少有人进入的房间。回风式空调系统[图 4-27(c)]采用部分新鲜空气和部分室内空气混合,并经处理后送入房间。该系统最常见,如商场的空调系统等。

2) 半集中式空调系统。是指新风机组等空气处理设备集中设置,风机盘管等末端装置分散在各个空调房间内的系统形式,如宾馆的空调(大多为新风加风机盘管系统)。

3) 分散式空调系统。是指空气处理设备全部分散在各房间内的系统形式。分散式空调系统又称为局部空调系统,如家用窗式空调器、分体式空调器等。

(3) 按承担室内空调热湿负荷所使用的介质分类

1) 全空气系统。是指空调房间的冷负荷(或热负荷)、湿负荷全部由经过集中处理的空气来承担的系统。全空气系统又可分为定风量式系统和变风量式系统。定风量式系统又可分为一次回风系统和二次回风系统。如商场的空调(大多为定风量一次回风式全空气系统)。

2) 全水系统。是指空调房间的冷(热)、湿负荷全部由冷水或热水来承担的系统,如风机盘管系统。这种系统不提供新风,解决不了空调房间的通风换气问题,室内空气品质较差,用得较少。

3) 空气—水系统。是指空调房间的热湿负荷由空气和水共同承担的系统,如新风+风机盘管系统等。

4) 直接蒸发式(冷剂式)空调系统。直接蒸发式空调系统是指由制冷系统的蒸发器或冷凝器直接处理室内空气的空调系统。直接蒸发式空调机组一般制冷量较小,如分体式空调器、多联式空调系统等,主要在中小型建筑中应用。

2. 空调系统主要材料及设备

空调系统中的风机、风阀等与通风系统相同,不再赘述。

(1) 风管材料

镀锌钢板。它是较早使用的管材,其内壁光滑,阻力小,刚度大,防火不燃烧。镀锌钢板的拼接应采用咬口连接或铆接。适合低、中、高压空调系统。

无机玻璃钢板。它是近二十几年出现的较新的风管管材,制作的风管可分为整体普通型(非保温)、整体保温型(内外表面为无机玻璃钢,中间为绝热材料)、组合型(由复合板、专用胶、法兰、加固件等连接成风管)和组合保温型四类。适合低、中、高压空调系统及防、排烟系统等。

酚醛铝箔复合板、聚氨酯铝箔复合板等是近几年最新的风管管材,采用酚醛铝箔或聚氨酯铝箔复合夹心板制作,内外表面均为铝箔,其内壁中度光滑,阻力较小。风管板材的拼接采用45°粘接或"H"形加固条拼接,在拼接处涂胶黏剂粘合,或在粘接缝处两侧贴铝箔胶带,刚度和气密性较好。具有质量轻、消声、保温、防火、防潮、漏风量小、经济适用等优点。适合工作压力等于或小于2 000 Pa的空调系统及潮湿环境。

(2) 组合式空调机组

组合式空调机组是由各种空气处理段组装而成的不带冷、热源的空调设备。机组的功能段是对空气进行一种或几种处理功能的单元体。主要包括新回风混合、过滤、冷却、加热、中间、加湿、风机、消声、热回收等功能段。选用时应根据工程的需要和业主的要求,有选择性地选用其中若干功能段。图4-28为组合式空调机的外形图,图4-29为若干功能段合成的空调机组示意图。

图4-28 组合式空调机组外形图

1) 组合式空调机组结构形式

① 立式:适合于中小规模集中式空调系统。

② 卧式:由若干功能段组合而成,适合集中空调全空气系统。

③ 吊顶式:适合于风量较小的系统。

2) 组合式空调机组的用途特征

① 通用机组:适合工业、民用建筑的全空气系统。

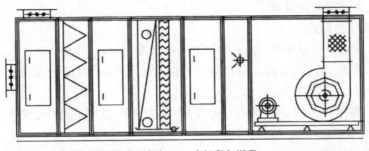

图 4-29 若干功能段组合成的空调机组示意图

② 新风机组：适合空调系统的新风系统。
③ 变风量机组：适合新风机组、空调系统需变风量的场合。
④ 净化机组：适用于微电子、医药行业、医院等需空气净化的场合。

（3）吊顶式空调机

吊顶式空调机具有机组高度小、重量轻、噪声低、运行可靠、吊装维护方便等特点，适宜布置在吊顶或技术隔层内，可节省机房的空间，广泛用于商业中心、办公室等。图 4-30 为吊顶式空调机的外形图和吊装图。

图 4-30 吊顶式空调机的外形图和吊装图

（4）新风入口和室外排风口

1) 新风入口。新风入口是空调系统中新鲜空气的入口，一般可在墙上设百叶窗或在屋顶设置成百叶风塔的形式。在多雨地区，应采用防水百叶窗。新风入口应设置在室外较清洁的地方，进风口处的室外有害气体浓度小于室内最高许可浓度的 30%；应远离排风口，距离室外地面不宜小于 2 m，且最好设在背阴面。

2) 室外排风口。室外排风口可设在屋顶或侧墙，侧墙上的排风口一般采用百叶窗形式。

（5）空调房间的送、回风口

在空调房间中，经过空调系统处理的空气经送风口进入空调房间，与室内空气进行热交换后由回风口排出。空气的进入与排出，必然会引起室内空气的流动，形成某种形式的气流流型和速度场。

1) 送风口的形式

送风口也称空气分布器,按送出气流流动状况分为:

① 扩散型风口。具有较大的诱导室内空气的作用,送风温差衰减快,射程短,如盘式散流器、片式散流器等。

② 轴向型风口。诱导室内空气的作用小,空气的温度、速度衰减慢,射程远,如格栅送风口、百叶送风口、喷口等。

③ 孔板送风口。孔板送风口是在平板上满布小孔的送风口,速度分布均匀,用于洁净室或恒温室等空调精度要求较高的空调系统中。

孔板送风口按送风口的安装位置可分为侧送风口、顶送风口(向下送)、地面送风口(向上送)等。

2) 其他常见的送风口

① 侧送风口。侧送风口是从空调房间上部将空气横向送出的送风口。常见的类型有格栅、百叶式风口、条缝形风口等。这种风口可设在房间侧墙上部,与墙面齐平;也可在风管一侧或两侧壁面上开设若干个孔口,或者将该风口直接安装在风管一侧或两侧的壁面上。侧送风是空调工程中最常用的形式,结构简单、布置方便、投资小。

② 散流器。散流器是由上向下送风的送风口,一般明装或暗装于顶棚上。根据它的形状可分为圆形、方形或矩形,如图4-31所示。散流器一般分为平送式和下送式两种,送风射程和回流流程都比侧送风口短,通常沿着顶棚和墙形成贴附射流。平送散流器送出的气流贴附着顶棚向四周扩散,适用于房间层高低、恒温精度较高的场合;下送散流器送出的气流向下扩散,适用于房间层高较高、净化要求较高的场合。

(a) 圆形散流器

(b) 方形散流器

图4-31 散流器

③ 喷射式送风口。大型的体育馆、电影院等建筑物常采用喷射式送风口,由高速喷口送出的射流带动室内空气进行强烈混合,使室内形成回旋气流,工作区一般处在回流区内,如图4-32所示。这种风口射程远、系统简单、节省投资,广泛用于高大空间和舒适性空调建筑中。

④ 旋流送风口。这种送风口是一种地板上的地面送风口,由出口格栅、集尘箱和旋流叶片组成,如图4-33所示。

第4章 建筑通风空调系统

图4-32 喷射式送风口

图4-33 旋流送风口

3) 回风口的形式。由于回风口的气流流动对室内气流组织影响不大,因而回风口的构造比较简单。常用的回风口有单层百叶风口、格栅式风口、网式风口等形式。

4.2 通风空调系统安装

4.2.1 通风空调管道的安装

1. 风管制作工艺流程

风管制作工艺流程如图4-34所示。

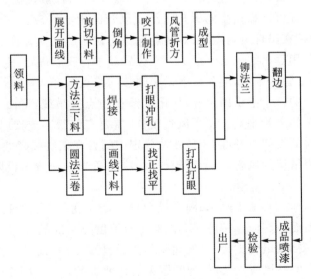

图4-34 风管制作工艺流程

2. 准备工作

核实风管和送风口等预埋件、预留孔的位置。安装前,由技术人员向班组人员进行技术交底,包括有关技术、标准和措施以及相关的注意事项。

认真检查风管在标高上有无交错重叠现象,在施工中有无变更,风管安装有无困难等。同时,对现场的标高进行实测,并绘制安装简图。

3. 支吊架的安装

风管沿墙、楼板或靠柱子敷设支架,其形式应根据风管安装的部位、风管截面大小及工程具体情况选择,并应符合设计图纸或国家标准图的要求。常用风管支架的形式有托架、吊架及立管架。通风管道沿墙壁或柱子敷设时,经常采用托架来支撑风管。在砖墙上敷设时,应先按风管安装部位的轴线和标高检查预留孔洞是否合适;如不合适,可补修或补打孔洞。孔洞合适后,按照风管系统所在的空间位置确定风管支架、托架的形式。常用形式如图4-35和图4-36所示。

支架、托架制作完毕后,应进行除锈,印刷一遍防锈漆。

当风管敷设在楼板或桁架下面离墙较远时,一般采用吊架来安装风管。矩形风管的吊架由吊杆和横担组成;圆形风管的吊架由吊杆和抱箍组成。矩形风管的横担一般由角钢制成,风管较重时也可用槽钢。横担上穿吊杆的螺栓孔距,应比风管稍宽40~50 mm。圆形风管的抱箍可按风管直径用扁钢制成,为便于安装,抱箍常做成两半。吊杆在不损坏原结构受力分布情况下,可采用电焊或螺栓固定在楼板、钢筋混凝土梁或钢架上,安装要求如下:①按风管的中心线找出吊杆敷设位置,单吊杆在风管的中心线上,双吊杆可以按横担的螺孔间距或风管的中心线对称安装。②吊杆根据吊件形式可以焊接在吊件上,挂在吊焊接后应涂防锈漆。③立管管卡安装时,应从立管最高点开始,并用垂吊线确定下面的管卡位置和进行安装固定,垂直风管可用立管进行固定。安装主管卡子时,应先在卡子半圆弧的终点画好线,然后按风管位置和迈进的深度,把上面的一个卡子固定好,再用线锤在中点处吊线,下面夹子可按线进行固定,以保证安装的风管垂直。④当风管较长,需要安装很多支架时,可先把两端的安好,然后以两端的支架为基准,用拉线法确定中间各支架的标高进行安装。⑤吊架安装应注意:采用吊架的风管,当管路较长时,应在适当的位置增设防止管道摆动的支架。

支架、吊架的标高必须正确,如圆形风管管径由大变小;为保证风管中心线的水平,支架型钢上表面标高应作相应提高。对于有坡度要求的风管,支架的标高也应按风管的坡度要求安装;风管支架、吊架间距如无设计要求时,对于不保温风管应符合表4-1的要求。保温风管支架、吊架间距无设计要求的,按表4-1间距要求值乘以0.85。

第4章 建筑通风空调系统

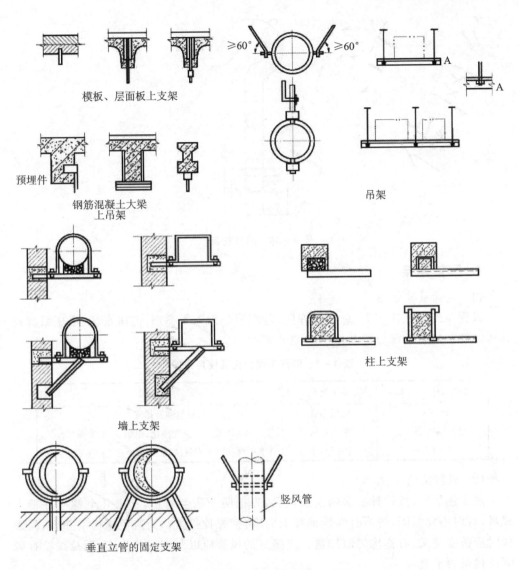

图 4-35 风管支架

表 4-1 不保温风管的支架、吊架间距

风管直径或矩形风管长边尺寸/mm	水平风管间距/m	垂直风管间距/m	最少吊架数/副
≤400	≤4	≤4	2
400～1 000	≤3	≤3.5	2
>1 000	≤2	≤2	2

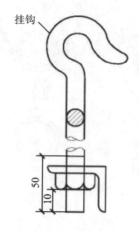

图 4-36 风管托架

4. 风管连接

(1) 风管系统分类

风管系统按工作压力(总风管静压)范围划分为三个类别:低压系统、中压系统及高压系统。风管系统分类及使用范围见表 4-2。

表 4-2 风管系统分类及使用范围

系统工作压力/Pa	系统类别	使用范围
P≤500	低压系统	一般空调及排气系统
500<P≤500	中压系统	100级及以下空气净化、排烟、除尘等系统
P>1 500	高压系统	1 000级及以上空气净化、气力输送、生物工程系统

(2) 风管法兰连接

法兰连接时,按设计要求确定垫料后,先把两个法兰对正,穿上几个螺栓并带上螺母,暂时不要紧固,待所有螺栓都穿上后,再把螺栓拧紧。为避免螺栓滑扣,紧固螺栓时应按字交叉、对称均匀地拧紧。连接好的风管应以两端法兰为准,用拉线检查风管连接是否平直。

不锈钢风管法兰连接的螺栓宜用铜材质的不锈钢制成。如用普通碳素钢标准件,应按设计要求喷刷涂料。铝板风管法兰连接应采用镀锌螺栓,并在法兰两侧垫镀锌垫圈。硬聚氯乙烯风管和法兰连接应采用镀锌螺栓或增强尼龙螺栓,螺栓与法兰接触处应加镀锌垫圈。

风管由于受材料限制,每段长度均在 2 m 以内,故工程中法兰的数量非常大,密封垫及螺栓量也非常多。法兰连接工程中耗钢量大,工程投资大。

(3) 无法兰连接

无法兰连接改进了法兰连接耗钢量大的缺点,可大大降低工程造价。其中,抱箍式连接主要用于钢板圆风管和螺旋风管连接,先把每一管段的两端轧制出鼓筋,并使其一端缩为小口。安装时按气流方向把小口插入大口,外面用钢制抱箍将两个管端的鼓箍抱紧连接,最后用螺栓穿在耳环中固定拧紧。插接式连接主要用于矩形或圆形风管连接。先制作连接管,然后插入两侧风管,再用自攻螺丝或钉将其紧密固定。插条式连接主要用于矩形风管连接,使用时将不同形式的插条插入风管两端,然后压实。

5. 风管的加固

对于管径较大的风管,为了使其断面不变形,同时减少由于管壁振动而产生的噪声,需要对管壁进行加固。金属板材圆形风管(不包括螺旋风管)直径应大于 800 mm,且其管段长度大于 1 250 mm 时均需加固;矩形不保温风管当其边长大于等于 630 mm,保温风管边长大于等于 800 mm,管段法兰间距大于 1 250 mm 时,应采取加固措施;非规则椭圆风管加固,参照矩形风管执行。硬聚氯乙烯风管的管径或边长大于 500 mm 时,其风管与法兰的连接处设加强板,且间距不得大于 450 mm;玻璃风管边长大于 900 mm,且管段长度大于 1 250 mm 时,应采取加固措施。风管加固可采用以下几种方法,如图 4-37 所示。

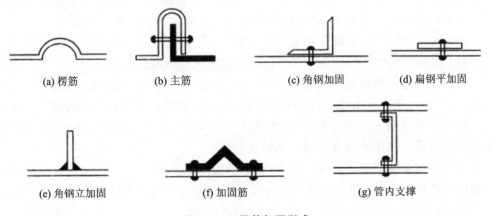

图 4-37 风管加固形式

6. 风管安装要求

(1) 一般风管穿墙、楼板要预埋管或防护套管,钢套管板材厚度不小于 1.6 mm,高出楼面 20 mm,套管内径应以能穿过风管法兰及保温层为准。需要封闭的防火、防爆墙体或楼板套管内,应用不燃且对人体无害的柔性材料封堵。

(2) 钢板风管安装完毕后须除锈、刷漆;若为保温风管,则只刷防锈漆,不刷面漆。

(3) 风管穿屋面应做防雨罩,具体做法如图 4-38 所示。

(4) 风管穿出屋面高度超过 1.5 m 时应设拉索。拉索用镀锌铁丝制成,并且不少于 3 根。拉索不应落在避

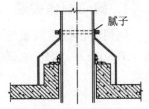

图 4-38 风管穿屋面做法

雷针或避雷网上。

（5）聚氯乙烯风管直管段连续长度大于20 m时，应按设计要求设置伸缩节。

7. 洁净空调系统风管的安装

（1）风管安装前应对施工现场彻底清扫，做到无产尘作业，并应采取有效的防尘措施。

（2）风管连接处必须严密；法兰垫料应采用不产尘和不易老化的弹性材料，严禁在垫料表面刷涂料；法兰密封垫应尽量减少接头，接头采用阶梯或企口形式。

（3）经清洗干净并包装密封的风管及部件，安装前不得拆除。如安装中间停顿，应将端口重新封好。

（4）风管与洁净室吊顶、隔墙等围护结构的穿越处应严密，可设密封填料或密封胶，不得有渗漏现象发生。

8. 风管的检测

风管系统安装完成后，必须通过工艺性的检测或验证，合格后方能交付下道工序。风管检验以主干管为主，其强度和严密性要求应符合设计或下列规定。

（1）风管的强度应能满足在1.5倍工作压力下接缝处无开裂。

（2）风管严密性检测方法有漏光检测法和漏风量检测法两种。

在加工工艺得到保证的前提下，低压系统可采用漏光法检测，按系统总量的5%检查，且不得少于一个系统。检测不合格时，应按规定抽检率做漏风量检测。中压系统风管应在系统漏光检测合格后，对系统进行漏风量的抽查，抽检率为20%，且不得少于一个系统。高压系统全部进行漏风量检测。

进行净化系统风管的严密性检测，对于洁净等级为1～5级的系统，按高压系统风管的规定执行；6～9级按系统风压执行。排烟、除尘、低温送风系统按中压系统风管的规定执行。

被抽查的系统，若检测结果全部合格，则视为通过，若有不合格的，则应再加倍检查，直至全数合格。

4.2.2 通风阀部件及消声器制作与安装

1. 阀门制作安装

阀门制作按照国家标准图集进行，并按照现行《通风与空调工程施工质量检验规范》GB 50243—2016的要求进行验收。阀门与管道间的连接方式一样，主要是法兰连接。通风与空调工程中常用的阀门有以下几种。

（1）调节阀

如对开多叶调节阀、蝶阀、防火调节阀、三通调节阀、插板阀等；插板阀安装阀板必须向上拉起；水平安装阀板还应顺气流方向插入。

第4章 建筑通风空调系统

（2）防火阀

防火阀是通风空调系统中的安全装置，对其质量要求严格，要保证在发生火情时能立即关闭，切断气流，避免火从风道中传播蔓延。制作阀体板厚不应小于2.0 mm，遇热后不能有显著变形。阀门轴承可动部分必须采用耐腐蚀材料制成，以免发生火灾时因锈蚀导致动作失灵。防火阀制成后应做漏风实验。

防火阀有水平安装、垂直安装和左式、右式之分，安装时不可随意改变。阀板开启方向应有逆气流方向，不得装反。易熔件材质严禁代用，应安装在气源一侧。

（3）单向阀

单向阀用于防止风机停止运转后气流倒流。安装单向阀时，开启方向要与气流方向一致。安装在水平位置和垂直位置的止回阀不可混用。

（4）圆形瓣式启动阀及旁通阀

圆形瓣式启动阀及旁通阀为离心式风机启动用阀门。安装风阀前应检查框架结构是否牢固，调节、制动、定位等装置是否准确灵活。

安装风管阀门时，阀件的操纵装置应便于人工操作。其安装方向应与阀体外壳标注的方向一致。安装完的风管阀门，应在阀体外壳上有明显和准确的开启方向、开启程度的标志。

2. 风口安装

通风系统的中风口设置在系统末端，安装在墙上或顶棚上，与风管的连接要严密牢固，边框与建筑装饰面贴实，外表面平整不变形。空调系统常用风口形式有百叶窗式风口、格栅风口、条缝式风口、散流器等。净化系统风口与建筑结构接缝处应加设密封垫料或密封胶。

3. 软管接头安装

软管接头设在离心风机的出口与入口处，以减小风机的震动及噪声向室内传递。一般通风空调系统的软管接头用厚帆布制成，输送腐蚀性气体时用耐酸橡胶板或厚度为0.8～1.0 mm的聚氯乙烯塑料布制成；空气洁净系统则用表面光滑、不易积尘与韧性良好的材料制成，如橡胶板、人造革等。软管接头长度为150～250 mm，两端固定在法兰上，一端与风管相连；另一端与风机相接。安装时应松紧适宜，不得扭曲。

当系统风管跨越建筑物的沉降缝时，应设置软管接头，其长度应视沉降缝的宽度适当加长。

4. 消声器安装

消声器内部装设吸声材料，用于消除管道中的噪声。消声器常设置于风机进、出风管上以及产生噪声的其他空调设备处。消声器可按国家标准图集现场加工制作，也可购买成品，常用的有片式消声器、矿棉管式消声器、聚酯泡沫管式消声器、卡普龙纤维管式消声器、弧形声流式消声器、阻抗复合式消声器、消声弯头等。消声器一般需单独设置支架,以便拆卸和更换。普通空调系统消声器可不做保温措施,但对于恒温恒湿系统,要求较高时,消声器外壳应与风管一样做保温。

4.2.3 通风、空调系统常用设备安装

1. 空调机组安装

空调机组的安装工艺流程如图4-39所示。

工程中常用的空调机组有装配式空调机组、整体式空调机组和单元式空调机组。

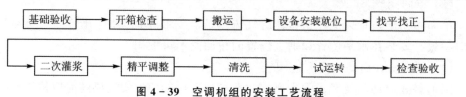

图4-39 空调机组的安装工艺流程

(1) 设备基础的验收

根据安装图对设备基础的强度、外形尺寸、坐标、标高及减振装置进行认真检查。

(2) 设备开箱检验

1) 开箱前检查外包装有无损坏和受潮。开箱后认真核对设备及各段的名称、规格、型号、技术条件是否符合设计要求。产品说明书、合格证、随机清单和设备技术文件应齐全。逐一检查主机附件、专用工具、备用配件等是否齐全,设备表面应无缺陷、缺损、损坏、锈蚀、受潮的现象。

2) 取下风机段活动板或通过检查门进入,用手盘动风机叶轮,检查有无与机壳相碰、风机减振部分是否符合要求。

3) 检查表冷器的凝结水部分是否畅通、有无渗漏,加热器及旁通阀是否严密、可靠,过滤器零部件是否齐全、滤料及过滤形式是否符合设计要求。

(3) 设备运输

空调设备在水平运输和垂直运输之前尽可能不要开箱并保留好底座。现场水平运输时,应尽量采用车辆运输或钢管、跳板组合运输。室外垂直运输一般采用门式提升架或吊车,在机房内采用滑轮、倒链进行吊装和运输。整体设备允许的倾斜角度应参照说明书。

(4) 装配式空调机组安装

1) 阀门启闭应灵活,阀叶必须平直。表面式换热器应有合格证,在规定期间内外表面又无损伤时,安装前可不做水压试验,否则应做水压试验。试验压力等于系统最高工作压力的1.5倍,且不低于0.4 MPa,试验时间为2~3 min,试验时压力不得下降。空调器内挡水板,可阻挡喷淋处理后的空气夹带水滴进入风管内,使空调房间湿度稳定。安装挡水板时前后不得装反。要求机组清理干净,箱体内无杂物。

2) 现场有多套空调机组,安装前应将段体进行编号,切不可将段位互换调错,并按厂家说明书,分清左式、右式,段体排列顺序应与图纸吻合。

3) 从空调机组的一端开始,应逐一将段体抬上底座就位找正,加衬垫,将相邻两个段体用螺栓连接牢固严密,每连接一个段体前,将内部清扫干净。将组合式空调机组各功能段间连接起来后,整体应平直,检查门开启要灵活,水路畅通。

4) 加热段与相邻段体间应采用耐热材料作为垫片。

5) 喷淋段连接处要严密、牢固可靠,喷淋段不得渗水,喷淋段的检修门不得漏水。积水槽应清理干净,保证冷凝水畅通不溢水。凝结水管应设置水封,水封高度应根据机外余压确定,防止空气调节器内空气外漏或室外空气进来。

6) 安装空气过滤器时方向应符合以下要求。

① 框式及袋式粗、中效空气过滤器的安装要便于拆卸及更换滤料。过滤器与框架间、框架与空气处理室的维护结构间应严密。

② 自动浸油过滤器的网子要清扫干净,传动应灵活,过滤器间接缝要严密。

③ 卷绕式过滤器安装时,框架要平整,滤料应松紧适当,上下筒平行。

④ 静电过滤器的安装应特别注意平稳,与风管或风机相连的部位应设柔性短管,接地电阻要小于 4Ω。

⑤ 亚高效、高效过滤器的安装应符合以下规定:按出厂标志方向搬运、存放,安置在防潮洁净的室内。其框架端面或刀口端面应平直,其平整度允许偏差为 ±1 mm,其外框不得改动。洁净室全部安装完毕,并全面清扫擦净。系统连续试车 12 h 后,方可开箱检查,不得有变形、破损和漏胶等现象,合格后立即安装。安装时,外框上的箭头与气流方向应一致。用波纹板组合的过滤器在竖向安装时,波纹板垂直地面,不得反向。过滤器与框架间必须加密封垫料或涂抹密封胶,厚度应为 6~8 mm,定位胶贴在过滤器边框上,用梯形拼接,安装后垫料的压缩率应大于 50%。采用硅橡胶密封时,先清除边框上的杂物和油污,在常温下挤抹硅橡胶。应饱满、均匀、平整。采用液槽密封时,槽架安装应水平,槽内保持清洁无水迹。密封液宜为槽深的 2/3。现场组装的空调机组应做漏风量测试。

7) 安装完的空调机组静压为 700 Pa 时,漏风率不大于 3%;空气净化系统机组,静压为 1 000 Pa,在室内洁净度低于 1 000 级时,漏风率不应大于 2%;洁净度高于或等于 1 000 级时,漏风率不应大于 1%。

(5) 整体式空调机组的安装

1) 安装前认真熟悉图纸、设备说明书以及有关的技术资料。检查设备零部件、附属材料及随机专用工具是否齐全,制冷设备充有保护气体时,应检查有无泄漏情况。

2) 安装空调机组时,坐标、位置应正确。基础达到安装强度,基础表面应平整,一般应高出地面 100~150 mm。

3) 空调机组加减振装置时,应严格按设计要求的减振器型号、数量和位置进行安装并找平找正。

4) 水冷式空调机组的冷却水系统、蒸汽、热水管道及电气、动力与控制线路的安装工应持证上岗。充注冷冻剂和调试应由制冷专业人员按产品说明书的要求进行。

(6) 单元式空调机组安装

1) 分体式室外机组和风冷整体式机组的安装。安装位置应正确,目测呈水平,凝结水的排放应畅通。周边间隙应满足冷却风的循环。制冷剂管道连接应严密无渗漏。穿过的管道必须密封,雨水不得渗入。

2) 水冷柜式空调机组的安装。安装时其四周要留有足够空间方能满足冷却水管道连接和维修保养的要求。机组安装应平稳。冷却水管连接应严密,不得有渗漏现象,应按设计要求设有排水坡度。

3) 窗式空调器的安装。其支架的固定必须牢靠,应设有遮阳、防雨措施,但注意不得妨碍冷凝器的排风。安装时其凝结水盘应有坡度,出水口设在水盘最低处,应将凝结水从出口用软塑料管引至排放地。安装后,其面板应平整,不得倾斜,用密封条将四周封闭严密。运转时应无明显的窗框振动和噪声。

2. 风机盘管及诱导器安装

风机盘管及诱导器的安装工艺流程如图 4-40 所示。

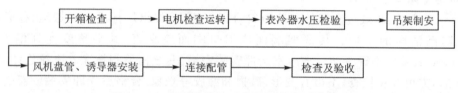

图 4-40 风机盘管及诱导器的安装工艺流程

(1) 基础验收

1) 风机安装前应根据设计图纸对设备基础进行全面检查,坐标、标高及尺寸应符合设备安装要求。

2) 风机安装前,应在基础表面铲出麻面,以使二次浇灌的混凝土或水泥能与基础紧密结合。

(2) 通风机检查及搬运

1) 按设备装箱清单清点,核对叶轮、机壳和其他部位的主要尺寸是否符合设计要求,做好检验记录。

2) 进、出风口的位置方向、叶轮旋转方向应符合设备技术文件的规定。

3) 检查风机外露部分应无锈蚀,转子的叶轮和轴径,齿轮的齿面和齿轮轴的轴径等装配零件、部件的重要部位无变形或锈蚀、碰损的现象。

4) 进、出风口应有盖板严密遮盖,防止尘土和杂物进入。

5) 搬运设备应有专人指挥,使用的工具及绳索必须符合安全要求。

6) 现场组装风机,绳索的捆绑不得损伤机件表面,转子、轴径和轴封等处均不应作为捆绑部位。

(2) 设备清洗

1) 安装风机前,应将组装配合面、滑动面轴承、传动部位及调节机构进行拆卸、清洗,使其转动灵活。

2) 用煤油或汽油清洗轴承时严禁吸烟或用火,以防发生火灾。

(3) 风机安装

1) 风机就位前,按设计图纸,并依据建筑物的轴线、边缘线及标高线放出安装基准线。将设备基础表面的油污、泥土、杂物清除和地脚螺栓预留孔内的杂物清除干净。

2) 整体安装的风机,搬运和吊装的绳索不得捆绑在转子和机壳上盖或轴承盖的吊环上。风机吊至基础上后,用垫铁找平,垫铁一般应放在地脚螺栓两侧,斜垫铁必须成对使用,风机安装好后,同一组垫铁应点焊在一起,以免受力时松动。

3) 风机安装在无减振器的支架上,应垫 4~5 mm 厚的橡胶板,找平、找正后固定牢。

4) 风机安装在有减振器的机座上时,地面要平整,各组减振器承受的荷载压缩量应均匀,不偏心,安装后采取保护措施,防止损坏。

5) 通风机的机轴应保持水平,水平度偏差不应大于 0.1/1 000;风机与电动机用联轴器连接时,两轴中心线应在同一直线上,联轴器径向位移不应大于 0.025 mm,两轴线倾斜度不应大于 0.2/1 000。

6) 通风机与电动机三角皮带传动时,应对设备进行找正,以保证电动机与通风机的轴线平行,并使两个皮带轮的中心线相重合。三角皮带扯紧程度控制在可用手敲打已装好的皮带中间,以稍有弹跳为准。

7) 安装通风机与电动机的传动皮带轮时,操作者应紧密配合,防止将手碰伤。挂皮带轮时不得把手指插入皮带轮内,防止事故发生。

8) 风机的传动装置外露部分应安装防护罩,风机的吸入口或吸入管直通大气时,应加装保护网或其他安全装置。

9) 通风机出口的接出风管应顺叶轮旋转方向接出弯管。在现场条件允许的情况下,应保证出口至弯管的距离大于或等于风口出口长边尺寸 1.5~2.5 倍。如果受现场条件限制达不到要求,应在弯管内设导流叶片弥补。

10) 输送特殊介质的通风机转子和机壳内如涂有保护层应严加保护。

11) 对于大型组装轴流风机,叶轮与机壳的间隙应均匀分布,符合设备技术文件要求。叶轮与进风外壳的间隙见表 4-3。

12) 通风机附属的自控设备和观测仪器、仪表安装,应按设备技术文件规定执行。

表 4-3 叶轮与主体风筒对应两侧间隙允许偏差

单位/mm

叶轮直径	<600	600~1 200	1 200~2 000	2 000~3 000	3 000~5 000	5 000~8 000	>8 000
对应两侧半径间隙之差不应大于	0.5	1	1.5	2	3.5	5	6.5

(4) 诱导器安装前注意事项

诱导器安装前必须逐台进行质量检查,检查项目如下。

1) 各连接部分不得有松动、变形和产生破裂等情况;喷嘴不能脱落、堵塞。

2) 静压箱封头处缝隙密封材料不能有裂痕和脱落;一次风调节阀必须灵活可靠,并调到全开位置。

(5) 诱导器检查后注意事项

诱导器经检查合格后按设计要求就位安装,并检查喷嘴型号是否正确。

1) 暗装卧式诱导器应用支、吊架固定,并便于拆卸和维修。

2) 诱导器与一次风管连接处应严密,防止漏风。

3) 诱导器水管接头方向和回风面朝向应符合设计要求。对于立式双面回风诱导器,为了利于回风,靠墙一面应留 50 mm 以上的空间。对于卧式双回风诱导器,要保证靠楼板一面留有足够空间。

3. 通风机安装

作为通风空调系统的主要设备的通风机,常用的型号有离心式和轴流式。按压力等级不同离心式风机可分为低压($H \leqslant 1\ 000\ Pa$),中压($1\ 000 < H < 3\ 000\ Pa$),高压($H > 3\ 000\ Pa$);轴流式风机可分为低压($H \leqslant 500\ Pa$),高压($H > 500\ Pa$)。本专业多用低压。

通风机型号常用以下参数表示:

名称—型号—机号—传动方式—旋转方向—出风口位置

名称即在通风机型号前冠以用途字样,也可忽略不写,或用简写字母代替。离心式风机用途代号见表 4-4。

表 4-4 离心式风机用途代号

用 途	代 号		
	汉 字	汉语拼音	简 写
除尘风机	除尘	CHEN	C
输送煤粉	煤粉	MEI	M
防腐蚀	防腐	FU	F
工业炉吹风	工业炉	LU	L
耐高温	耐温	WEN	W
防爆	防爆	BAO	B
矿井通风	矿井	KUANG	K
锅炉引风	引风	YIN	Y
锅炉通风	锅炉	GUO	G
冷却塔通风	冷却	LENG	LE
一般通风	通风	TONG	T
特殊通风	特殊	TE	E

第4章 建筑通风空调系统

型号用来表示风机的压力系数、比转数、设计序号等。如离心式风机型号 4—72—11，压力系数为 0.4，72 表示比转数；11 表示单侧吸入、第一次设计。

通风机中机号用叶轮直径的分米数表示，其尾数四舍五入，前面冠以符号"NO"。

通风机传动方式有6种，其说明及示意如图 4-41 所示，相关代号见表 4-5。

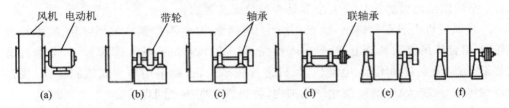

图 4-41 通风机传动方式

表 4-5 离心式风机传动方式及对应代号

传动方式代号		A	B	C	D	E	F
传动方式	离心式风机	直联电动机	带轮在两轴承中间	带轮在两轴承外侧	联轴器传动	两支撑带轮在外侧	双支撑联轴器传动
	轴流式风机	直联电动机	带轮在两轴承中间	带轮在两轴承外侧	联轴器传动（有风筒）	联轴器传动（无风筒）	齿轮传动

离心式风机叶轮回转方向有左右之分，从电动机一侧看，顺时针旋转为"右"，逆时针旋转为"左"。

离心式风机出风口位置以角度表示，基本有8个方向，如图 4-42 所示。

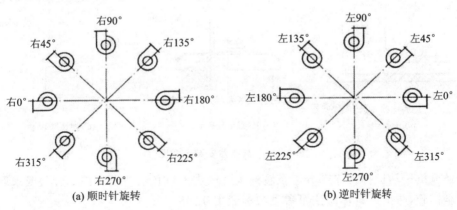

图 4-42 离心式风机出风口位置

通风机安装基本工艺流程如图 4-43 所示。

基础验收—开箱检查—搬运—清洗—安装、找平、找正—试运转—验收检查

图 4-43 通风机安装基本工艺流程

(1) 离心式风机的安装

离心式风机安装前应首先开箱检查,根据设备清单核对型号、规格等是否符合设计要求;用手拨动叶轮等部位活动是否灵活,有无卡壳现象;检查风机外观是否有缺陷。

安装前根据不同连接方式检查风机、电动机和联轴器基础的标高、基础尺寸及位置、基础预留地脚螺栓位置大小等是否符合安装要求。

将风机机壳放在基础上,放正,并穿上地脚螺栓(暂不拧紧),再把叶轮、轴承和带轮的 组合体吊放在基础上,叶轮穿入机壳,穿上轴承箱底座的地脚螺栓,将电动机吊装上基础;分别对轴承箱、电动机、风机进行找平找正,找平用平垫铁或斜垫铁,找正以通风机 为准,轴心偏差在允许范围内;将垫铁与底座之间焊牢。

在混凝土基础预留孔洞及设备底座与混凝土基础之间灌浆,灌浆的混凝土标号比基础的标号高一级,待初凝后再检查一次各部分是否平正,最后上紧地脚螺栓。

风机在运转时所产生的结构振动和噪声对通风空调的效果不利。为消除或减少噪声和保护环境,应采取减振措施。一般应在设备底座、支架与楼板或基础之间设置减振装置,减振装置支撑点一般不少于 4 个。减振装置有以下几种形式。

1) 弹簧减振器,常用的有 ZT 系列阻尼弹簧减振器、JD 型和 TJ 型弹簧减振器等。

2) JG 系列橡胶剪切减振器,其用橡胶和金属部件组合而成。

3) JD 橡胶减振垫。

各种减振器安装示意如图 4-44 所示。

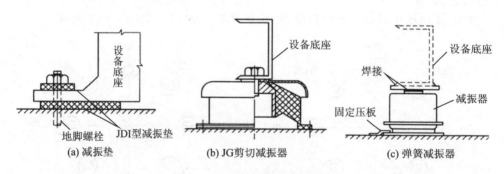

图 4-44 减振器安装示意图

通风机传动机构外露部分以及直通大气的进出口必须装设防护罩(网)或采取其他安全措施,防护罩具体做法可参见国标图集 T108。

(2) 轴流式通风机的安装

轴流式通风机多安装在风管中间、墙洞内或单独安装在支架上。在风管内安装的轴流风机与在支架上安装的风机相同,将风机底座固定在角钢支架上,支架按照设计要求标高及位置固定在建筑结构之上,支架钻螺栓孔位置与风机底座相匹配,并且在支架与底座之间垫上 4~5 mm 厚橡胶板,找平找正,拧紧螺栓即可。安装轴流风

第4章 建筑通风空调系统

机时应留出电动机检查接线用的孔。

在墙洞内安装的轴流风机,应在土建施工时预留孔洞,孔洞的尺寸、位置及标高应符合要求,并在孔洞四周预埋风机框架及支座。安装时,风机底座与支架之间垫减振橡胶板,并用地脚螺栓连接,四周与挡板框拧紧,在外墙侧安装45°的防雨雪弯管。

4.3 通风空调系统图识读及BIM建模

4.3.1 通风空调系统图识读

1. 通风空调施工图一般规定

通风空调系统施工图应符合现行《暖通空调制图标准》(GB/T 50114—2010)的有关规定。

(1) 风管标注规定

矩形风管的标高标注在风管底部,圆形风管为分管中心线标高;圆形风管的管径用 ϕ 表示,如 ϕ20 表示直径为120 mm 的圆形风管;矩形风管用断面尺寸的长×宽表示,如 200 mm×100 mm,表示长 200 mm、宽 100 mm 的矩形风管。

建筑通风空调安装工程施工图常用水、气管道代号见表4-6。自定义的管道代号通常在施工图中进行了说明。

表4-6 建筑通风空调安装工程施工图常用水、气管道代号

序号	代号	管道名称
1	R	(采暖、生活、工艺用)热水管
2	Z	蒸汽管
3	N	凝结水管
4	P	膨胀长管、排污管、排气管、旁通管
5	G	补给水管
6	X	泄水管
7	XH	循环管、信号管
8	L	空调冷水管
9	LR	空调冷/热水管
10	LQ	空调冷却水管
11	n	空调冷凝水管

建筑通风空调安装工程施工图中的风道代号见表4-7,自定义的风道代号需在建筑施工图中说明。

表 4-7　建筑通风空调安装工程施工图中的风道代号

代号	风道名称	代号	风道名称
K	空调风管	H	回风管（一二次回风可附加1、2区别）
S	送风管	P	排风管
X	新风管	PY	排烟管或排风、排烟共用管道

（2）图例规定

通风空调施工图上的图形不能反映实物的具体形象与结构，它采用国家规定的统一图例符号来表示，这是通风空调施工图的一个特点，也是对阅读者的一个要求：阅读前，应首先了解并掌握与图纸有关的图例符号所代表的含义。

建筑通风空调设备的常用图例见表 4-8，自定义的图例需在施工图中说明。

表 4-8　建筑通风空调设备的常用图例

序号	名称	图例	说明
1	轴流风机		
2	离心风机		左图为左式风机、右图为右式风机
3	水泵		左侧进水，右侧出水
4	空气加热器、冷却器		右图、中图分别为单加热、单冷却，右图为双功能换热装置
5	板式换热器		
6	空气过滤器		左图为粗效，中图为中效，右图为高效
7	电加热器		
8	加湿器		

第4章 建筑通风空调系统

续表 4-8

序号	名称	图例	说明
9	挡水板		
10	分体空调器		
11	风机盘管		

2. 通风空调施工图的组成

建筑通风空调施工图通常由两部分组成：文字部分和图纸部分。文字部分包括目录、设计总说明和主要设备材料表，图纸部分包括基本图和详图。基本图是指通风空调系统平面图、剖面图、轴测图和原理图等，详图是指通风空调系统中某些局部构件和部件的放大图和加工图等。

(1) 图纸目录

图纸目录是建筑通风空调安装工程施工图纸的总索引。其主要用途是方便使用者迅速地查找自己所需的图纸。在图纸目录中完整地列出建筑通风空调工程施工图所有设计图纸的名称、图号和工程编号等，有时也包含了图纸的图幅和备注。

(2) 设计和施工说明

设计和施工说明在整套建筑通风空调安装工程施工图中占有重要作用，用来向识图者说明系统的设计概况和施工要求，主要包括以下两部分内容：

1) 设计说明。主要介绍通风空调系统的室内外设计气象参数、冷热源情况、空调冷热负荷、通风空调系统的划分和组成、通风空调系统的使用操作要点等内容。

2) 施工说明。主要介绍设计中使用的材料和附件、系统工作压力和试压要求、支架及吊架的制作和安装要求、涂料施工要求、调试方法与步骤以及施工规范。

(3) 图例符号说明

在建筑通风空调安装工程施工图中为了识图方便，用单独的图纸列出了施工图中所用到的图例符号。其中，有些是国家标准中规定的图例符号，也有一些是制图人员自定的图例符号。当图例符号数量较少时，有时也归纳到设计与施工说明中或直接附在图纸旁边。

(4) 主要设备材料表

主要设备材料表用来罗列通风空调系统中所使用的设备和主要材料的图纸，内容包括设备和主要材料的名称、型号规格、单位、数量、生产厂家以及备注等。不同的设计单位可能有不同形式的表格,内容可能也有细小的差别。当数量较少时,有时也归纳到设计与施工说明中。

(5) 平面图

建筑通风空调安装工程施工图中的平面图主要是用来描述通风空调系统的各种设备、风管、水管以及其他部件等在建筑物中的平面布置情况,主要包括通风空调平面图、空调机房平面图等。

(6) 剖面图

建筑通风空调安装工程施工图中的剖面图一般随着平面图一起出现,主要用来表达在平面图中无法表达清楚的内容,例如垂直管道的布置等。剖面图包括通风空调剖面图和通风空调机房剖面图。

(7) 系统图

建筑通风空调安装工程施工图中系统图的作用是从总体上表明通风空调的设备和管道的空间布置情况。系统图可采用单线或双线进行绘制,虽然双线绘制的系统图更加直观,但难度较大,因此通常所见的系统图均为单线图。

(8) 立管图

建筑通风空调安装工程施工图中的立管图主要用以说明管道的竖向布置情况。

(9) 原理图

建筑通风空调系统的原理图是用来描述通风空调系统工作原理的图纸,主要用来描述系统的原理和流程、空调房间的设计参数、冷热源空气处理和输送方式、控制系统之间的相互关系、系统中的主要设备和仪表等内容。

(10) 详　图

详图通常用来表达以上图纸无法表达,但应该表达清楚的内容。在建筑通风空调安装工程施工图中,详图的数量比较多,主要包括设备、管道的安装详图,设备、管道的加工详图,设备、部件的结构详图等。

3. 建筑通风空调工程施工图识读

建筑通风空调安装工程施工图识读是进行建筑通风空调安装工程施工和预算的基础。

(1) 建筑通风空调安装工程施工图识读的基本步骤

在一般情况下,根据建筑通风空调安装工程施工图所包含的内容,可按以下步骤对建筑通风空调安装工程施工图进行识读。

1) 阅读图纸目录。通过阅读图纸目录,了解整套建筑通风空调安装工程施工图的基本概念,包括图纸张数、名称以及编号等。

2) 阅读设计和施工说明。通过阅读施工说明,全面了解通风空调系统的基本概念和施工要求。

3) 阅读图例符号说明。通过阅读图例符号说明,了解施工图中所用到的图例符号的含义。

4）阅读系统原理图。通过阅读系统原理图，了解通风空调系统的工作原理和流程。

5）阅读平面图。通过阅读通风空调系统平面图，详细了解通风空调系统中设备、管道、部件等的平面布置情况。

6）阅读剖面图。通风空调安装工程剖面图应与平面图结合在一起识读。对于在平面图中一些无法了解到的内容，可以根据平面图上的剖切符号查找相应的剖面图进行阅读。

7）阅读其他图纸。在掌握了以上内容后，可根据实际需要阅读其他相关图纸（如设备及管道的加工安装详图、立管图等）。

（2）通风空调系统平面图的识读

1）系统平面图识读。

通风空调系统平面图是用来描述通风空调系统在建筑物中平面布置情况的图纸。其通常包括以下内容。

① 标题栏。包括本张图纸的名称、编号、设计人员等内容。

② 建筑物平面图。包括建筑物的轮廓、主要轴线号、轴线尺寸、室内外地坪标高、各房间名称和指北针。

③ 通风设备。包括通风风机和空调设备等的轮廓、名称、位置等。

④ 风管系统。通常用双线来表示，包括风管的大小和布置情况，风管上各配附件（如三通、防火阀、送排风口等）的型号和布置情况，风管上其他设备（如消声器等）的型号、轮廓和布置情况等。

⑤ 尺寸标注。包括风管及其所配附件的尺寸、各种设备和基础定型尺寸和定位尺寸。

⑥ 剖切和详图符号。对于需要进一步说明的部位，在平面图中还会标注剖切符号或详图索引符号。

⑦ 施工说明。对于需要特别指出的施工要求，有时还写有施工说明。

⑧ 设备表。在有些平面图中还有图中所用到的设备和配附件的详细列表，包括型号、名称、数量等。

2）系统平面图识读步骤。

① 阅读标题栏或图名。通过阅读，了解图纸名称、比例、设计人员等内容。

② 通览全图。通过对整个图纸大致的阅读，了解在此平面图中包含几个通风空调系统，以便分别加以识读。

③ 阅读相关建筑平面图。在本步骤中，主要了解图中与通风空调系统相关的建筑物的基本情况，包括建筑物各部位的划分情况以及各部分的名称和用途。

④ 阅读通风空调系统。在阅读通风空调系统时，可按照空气的流动顺序进行识读。对于送风系统，应该首先找到送风的起始点。送风系统的起始点可能是新风机

组、风机或其他部位引入的风管。然后从送风的起始点开始识读,了解沿途送风管道及其配附件的尺寸和布置情况、设备的型号和布置情况、送风口的尺寸和布置情况。对于回风或排风系统,应从建筑物的排风口开始识读,了解沿途排风口的尺寸和布置情况、排风管道及其配件的尺寸和布置情况、设备的型号和布置情况。对于在一张平面图中存在多个通风空调系统的情况,应识读完一个系统后,再识读另一个系统,以免造成混淆,影响读图的速度和效果。

⑤ 阅读剖切符号和剖面图。在平面图中,如果标有剖切符号,可根据实际情况找出相应的剖面图,通过对剖面图的识读详细了解此部位的系统布置情况。

⑥ 阅读尺寸标注。通过对尺寸标注的识读,详细了解系统中各种设备、管道、附件的安装位置。

⑦ 阅读施工说明。通过对施工说明的阅读,了解在通风空调系统施工时应注意的事项。

⑧ 阅读详图索引符号。在必要时,阅读图中的详图索引符号,找出相应的详图进行阅读。

⑨ 阅读设备表。通过对设备表的阅读,了解图中的通风空调系统中包含的通风空调系统的名称、符号等详细情况。

(3) 全水系统平面图的识读

1) 全水系统平面图内容。

① 图名和比例,如本张图纸的名称、比例、设计人员等内容。

② 建筑物平面图。

③ 管路系统。通常用单线表示,包括管道的尺寸和布置情况,水管上各配件(如三通、阀门等)的型号和布置情况,风管上其他设备(如风机盘管等)的型号、轮廓和布置情况。

④ 尺寸标注。包括水管、各配附件及各种设备的定性尺寸和定位尺寸。

⑤ 剖切符号和详图索引符号。对于需要进一步说明的部位,在平面图中还标注了剖切符号和详图索引符号。

⑥ 施工说明。对于图中特别指出的施工要求,有时还写了施工说明。

⑦ 设备材料表。在有些平面图中还列有图中所涉及的设备及管道配附件的详细列表,包括型号、名称、数量等。

2) 全水系统平面图。

① 阅读标题栏或图名。

② 通览全图。对整个图纸进行大致的阅读,重点了解在本平面图中包含几个管道系统,以便分别加以识读。

③ 阅读相关建筑平面图。在此步骤中,主要了解相关建筑物的基本情况,包括建筑物各部位的划分情况以及各部位的名称和用途。

④ 阅读设备、管道及配附件。供水管道的识读通常是从图中供水的起始点开始按照介质的流向进行的,了解原图水管及配附件的尺寸和布置情况、末端设备的编号或型号及其布置情况。回水管道或凝结水管道通常从末端设备开始,按介质流动的方向进行识读,了解沿途管道及其配附件的尺寸和布置情况。

当一张平面图中存在多个水系统时,应该读完一个系统后再读另一个系统,以免混淆。对于同一系统,应按供水管道、回水管道、凝结水管道的顺序进行识读。

⑤ 阅读剖切符号和剖面图。在平面图中,如标有剖切符号,可根据需要找出相应的剖面图进行识读,以了解此部位设备、管道及配附件的布置情况。

⑥ 阅读尺寸标注。通过对尺寸标注的识读,详细了解系统中各种设备、管道、附件的安装位置。

⑦ 阅读施工说明。通过对施工说明的阅读,了解在通风空调系统施工时应该注意的事项。

⑧ 阅读详图索引符号。在必要时,阅读图中的详图索引符号,找出相应的详图进行阅读。

⑨ 阅读设备表。通过对设备表的阅读,了解图中通风空调系统中包含的通风空调系统的名称、符号等详细情况。

(4) 通风空调系统剖面图的识读

1) 通风空调系统剖面图内容。

① 图名和比例。

② 建筑物轮廓。

③ 风管、水管、风口、设备等的布置情况。

④ 尺寸标注。包括管道、设备尺寸与标高,管道、设备与建筑物结构(如梁、板、柱等)及地面之间的定位尺寸,气流、水流走向等。

⑤ 详图索引符号。

⑥ 施工说明。对于图中特别指出的施工要求,有时还写了施工说明。

2) 通风空调系统剖面图的识读方法。

① 标题栏,了解图名、比例、设计人员等内容。

② 阅读相关图例,了解图中管道代号、符号和图例的含义。

③ 阅读建筑物平面图,了解机房的建筑结构。

④ 根据图中的设备编号,查阅相关设备材料明细表,了解机房内有哪些通风设备及其布置情况。

⑤ 按照一定的顺序阅读,机房内的管道系统(可以不同设备或不同类型的管道为序进行识读)。对一条管道可以按介质流动方向进行识读,在识读时还应了解管道上仪表和配附件的布置情况。

⑥ 阅读尺寸标注,了解设备和管道的定位情况。

⑦ 阅读剖切符号和剖面图。当平面图中有剖切符号时,可根据实际需要找出对

应的剖面图进行识读。

⑧ 阅读详图索引符号。

⑨ 阅读施工说明。

(5) 通风空调机房剖面图的识读

1) 通风空调机房剖面图内容。

① 图名和比例。

② 建筑物剖面图。

③ 设计及其基础:包括设备和基础的轮廓及布置情况。

④ 风管及其配附件:包括风管及其配附件的名称、型号。

⑤ 尺寸标高:包括各种设备、基础、风管和配附件的定性尺寸、定位尺寸和标注尺寸。

⑥ 详图索引符号:对需要进一步描述的部位,还标有详图和索引符号。

⑦ 施工说明:用来说明特别指出的施工要求。

2) 通风空调机房剖面图的识读

① 根据剖面图中的图名查看相应的平面图,了解剖切位置和剖视投影方向。

② 阅读图例,了解图中管道代号和配附件名称。

③ 找出图中主要设备,结合尺寸标注了解设备的安装位置。

④ 结合尺寸标注和标高,以设备为顺序识读管道系统情况。

⑤ 识读详图索引符号。

⑥ 阅读施工说明。

(6) 通风空调系统图的识读

1) 通风空调系统图内容

建筑通风空调安装工程施工图中的系统图采用单线或双线的形式,形象地表达了通风系统的设备和管道的空间位置。通风空调系统轴测图所包含的内容主要有:

① 标题栏或图名。

② 图例说明和文字说明。

③ 通风空调设备的名称或编号及其布置情况。

④ 管道系统及其配附件的布置情况。

⑤ 标注,包括管道的尺寸、介质走向和标高。

2) 通风空调系统图识读

① 阅读标题栏或图名。

② 阅读图例和文字说明(在机房系统轴测图中常有接口说明)。

③ 找出系统中主要设备或介质流动的起始点。这里所指的系统主要设备,对风系统而言,通常是空气处理设备,对于水系统或制冷剂系统而言,通常是空调制冷机组。有的系统图无主要设备,而是把介质流动的起始点作为识读的起点。

④ 从起始点出发,了解沿途管道的空间走向,了解各配附件、仪表等的类型和数

第4章 建筑通风空调系统

量。当系统图中有多条管时,应逐一识读。在识读过程中应注意与平面图和剖面图结合起来,了解系统图中的管道代表的是平面图、剖面图中的哪一条管道。

⑤ 阅读尺寸标注、标高和坡度,了解各管道尺寸、标高和坡度走向。

3. 暖通专业图纸解析

这里以门诊楼项目图纸为例,其涉及通风专业的图纸共有8张,如图4-45所示为暖施02中的图纸目录。

图纸目录表

图号	图纸名称	图纸规格
01	暖通设计施工总说明	A1+1/4
02	材料表、图例、图纸目录	A1+1/4
03	一层多联式空调系统平面图	A1+1/2
04	二～五层多联式空调系统平面图	A1+1/2
05	屋顶空调机组平面图	A1+1/2
06	一层多联式空调风系统平面图	A1+1/2
07	二～五层多联式空调风系统平面图	A1+1/2
08	多联式空调系统原理图	A2

图 4-45 暖施02图纸目录

(1) 暖施01施工图纸说明

阅读暖施01暖通施工图纸设计说明,分析本项目所包含的暖通专业设计范围。

根据设计说明"三、设计范围"可知,本项目暖通系统由多联式空调系统、通风系统和防排烟系统三部分组成。

根据设计说明"六、通风系统"可知,本项目通风系统包括自然通风和机械通风两类,其中自然通风利用建筑结构实现,不需要绘制机电模型。

根据设计说明"七、防烟、排烟系统"可知本项目均采用自然通风、自然排烟实现。

(2) 暖施02

关注通风、防排烟系统主要设备材料表中通风机、空调室内机、室外机外形尺寸和设备风量参数信息,可知专用门诊病房楼项目屋顶有室外机8台,每层有新风机组1台,每个房间有室内机1台,无法与室外连通的卫生间设有吊顶通风器,与室外相通的卫生间外墙上设有轴流风机,如图4-46所示。

(3) 暖施03、暖施04、暖施05

1) 关注每层空调平面图中空调设备类型、型号规格及安装位置。

2) 关注冷媒管的尺寸及路径。

3) 关注冷凝管的尺寸及路径。

(4) 暖施06、暖施07

1) 关注风管系统类型、尺寸、高程、对齐方式和路径。

2) 关注每层风口类型、规格尺寸及安装位置。

3) 关注通风机的类型、规格及安装位置。

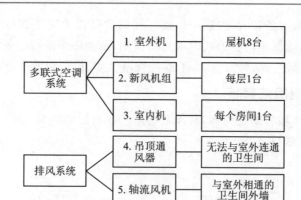

图4-46 暖施02图纸结构

4)关注新风系统冷媒管的尺寸及路径。

4. 通风系统施工图识读

本项目暖通风系统施工图有暖施06一层多联式空调风系统平面图、暖施07二~五层多联式空调风系统平面图两张。

1)关注风管系统类型、尺寸、和路径。如图4-47所示为一层多联式空调风系统平面图,可见新风系统(深色);在公共卫生间和值班室卫生间设置有卫生间排风系统;二~五层多联式空调风系统平面图和一层类似。

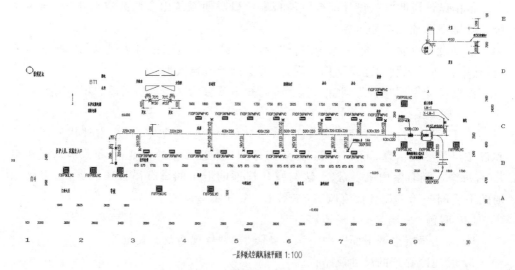

图4-47 一层多联式空调系统平面图

其中,一层新风系统风管形状为矩形,尺寸有1200×320、1000×320、630×320、400×250、500×320、200×120、320×250、162×120,单位为mm,如图4-48~4-52所示。

第4章 建筑通风空调系统

图4-48 一层新风系统风管尺寸(1)

图4-49 一层新风系统风管尺寸(2)

图4-50 一层新风系统风管尺寸(3)

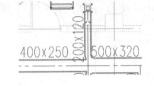

图4-51 一层新风系统风管尺寸(4)

图4-52 一层新风系统风管尺寸(5)

一层排风系统风管形状为圆形,直径为150 mm。

2) 关注风管的高程和对齐方式。一层排风系统风管底部标高3.800 m,如图4-53所示;当风管尺寸发生变化时,采取底部对齐,保证风管底部标高一致,如图4-54所示。

图4-53 风管底部标高

图4-54 底部标高对齐

3) 关注通风系统的类型、规格及安装位置,在卫生间区域设有轴流排风机排风系统和吊顶通风器排风系统,如图4-55和图4-46所示。

图 4-55 卫生间通风系统位置

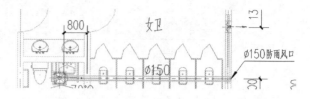

图 4-56 卫生间通风系统安装尺寸情况

4) 关注每层风口类型、规格尺寸及安装位置。一层多联式空调风系统平面图中,有圆形防雨风口、防雨百叶风口、散流器和多叶送风口四种类型,如图 4-57~图 4-60 所示。

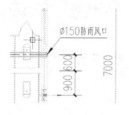

图 4-57 防雨风口

图 4-58 防雨百叶风口

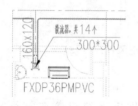

图 4-59 散流器

图 4-60 多叶送风口

5) 关注每层楼新风机组的类型和安装位置。

6) 关注每层楼风机的安装位置。

5. 空调水系统施工图识读

专用门诊病房楼项目图纸中涉及空调水系统的图纸共有 8 张,分别为暖施 01 到暖通 08,在空调专业建模中主要关注以下图纸信息。

(1) 暖施 01 至暖施 02

1) 关注暖施 01 中冷媒管和冷凝管的管材和接口信息。

2) 关注暖施 02 "图例" 中的空调管道与管件的图例。

3) 关注暖施 02 中 "通风、防排烟系统主要设备材料表" 中空调室内机和室外机的型号。

4) 关注暖施 02 "图例" 中的空调室内机的图例。

(2) 暖施 03 至暖施 05

1) 关注空调室内机的型号和安装位置。

2) 关注一层空调管路平面图中室内空调机冷媒管和冷凝水管接口位置。

3) 关注冷媒管和冷凝水管管径及管道路径。

4) 关注冷凝水管泄水点位置。

5) 关注室外机的型号和安装位置。

(3) 暖施 06 至暖施 07

关注每层楼新风机组冷媒管的管径及管道路径。

(4) 暖施 8

关注空调系统原理图中冷媒立管的管径和标高信息。

4.3.2 通风空调系统 BIM 建模

1. 绘制新风系统风管和管件

【任务说明】在 Revit 软件中打开"门诊楼项目机电模型中心文件"项目文件,根据提供的门诊楼图纸,完成门诊楼新风系统风管和管件模型的绘制。

【任务目标】

① 学习使用"风管"命令绘制新风管道模型。

② 学习使用"自动连接"命令连接新风主管与新风支管。

④ 修改管件类型。

【任务分析】根据暖施 06 一层空调风管平面图可知,新风主管连接到室外,经过新风机组后将室外新鲜空气补充到室内,以满足室内要求。绘制风管模型时一般按照从大到小的顺序,也就是从新风入口处开始绘制,如图 4-61 所示。下面以一层暖通风系统为例讲解风系统模型的绘制方法。

【任务实施】

(1) 视图设置

1) 在"在项目浏览器"中依次展开"楼层平面"→"机械"视图类别,双击打开"一层暖通风系统"平面视图。

2) 在用户界面下方"状态栏"的右侧单击"工作集"下拉列表,选择工作集为"暖通"。

(2) 风管命令和属性设置

1) 单击功能区中"系统"选项卡→"机械"面板→"风管"(快捷键DT),如图 4-62 所示。

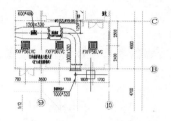
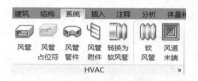

图4-61 选择从新风入口开始绘制　　图4-62 单击功能区选项卡

2)"修改/放置风管"选项卡上的"放置工具",默认使用"自动连接",如图4-63所示。

3)在"修改/放置风管"选项栏设置宽度为"1000 mm",设置高度为"320 mm",设置偏移量为"3800 mm"。

4)在"属性"窗口,如图4-64所示。

① 风管类型选择"矩形风管"→"新风管—底部对齐—三通"。

② 垂直对正选择"底"。

③ 系统类型设置为"新风系统"。

(3)绘制新风系统主管。

1)根据图纸风管走向绘制尺寸为 1000 mm×320 mm 的风管,风管将根据管路布局自动添加在"布管系统配置"中预设好的风管管件,如图4-65和4-66所示。

图4-63 使用"自动连接"　图4-64 预设风管管件(1)　图4-65 预设风管管件(2)

2)按"Esc"键断开管道绘制。

3)在选项栏修改风管尺寸:

4)根据图纸风管走向绘制尺寸为 1 200 mm×320 mm 的风管,如图4-67所示;

5)在选项栏修改风管尺寸:

第4章 建筑通风空调系统

 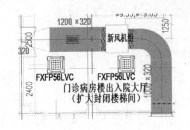

图 4-66 预设风管管件(3)　　图 4-67 预设风管管件(4)

6) 根据图纸风管走向绘制尺寸为 630 mm×320 mm 的风管,如图 4-68 所示。

图 4-68 绘制风管走向

【注意】此处风管尺寸变化处,有三通管件,需要预留足够空间,630 mm× 320 mm 风管可以多画一段,如图 4-68 所示。

7) 在选项栏修改风管尺寸: 修改│放置 风管　宽度: 200　高度: 120　偏移量: 3800.0 mm。

8) 根据图纸风管走向绘制尺寸为 500 mm×320 mm 的风管,如图 4-69 所示。

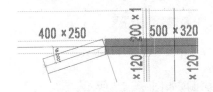 

图 4-69 根据图纸确定风管尺寸(1)　　图 4-70 根据图纸确定风管尺寸(2)

9) 在选项栏修改风管尺寸: 修改│放置 风管　宽度: 400　高度: 250　偏移量: 3800.0 mm。

10) 根据图纸风管走向绘制尺寸为 400 mm×250 mm 的风管,如图 4-70 所示。

11) 在选项栏修改风管尺寸: 修改│放置 风管　宽度: 320　高度: 250　偏移量: 3800.0 mm。

12) 根据图纸风管走向绘制尺寸为 320 mm×250 mm 的风管,如图 4-71 所示;双按 Esc 退出风管命令。

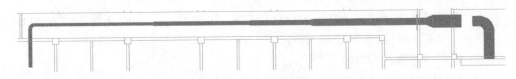

图 4-71 根据图纸绘制风管尺寸(3)

(4) 绘制新风系统三通接口的支管。

1)视图平移至办公1位置,如图4-72所示。

2)输入风管快捷键"D+T"。

3)此"属性"窗口设置与步骤3相同。

4)在选项栏修改风管尺寸：修改|放置风管　宽度：160　高度：120　偏移量：3800.0 mm 。

5)支管第一点:将光标移至新风支管端点,识别端点后,单击,如图4-73所示。

6)支管第二点:将光标移至支管和新风管的交点,识别交点后,如图4-74所示单击;支管和主管完成连接,形成三通。

7)选中支管左侧风管,修改选项栏尺寸：修改|风管　宽度：500　高度：320 ,如图4-75所示;修改之后如图4-76所示。

图4-72　办公位置设置　　　图4-73　支管第一点　　　图4-74　支管第二点

　　　　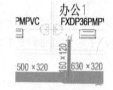

图4-75　修改支管尺寸　　　图4-76　修改支管尺寸后的效果

8)按照以上步骤完成其他三通接口支管的绘制,如图4-77所示。

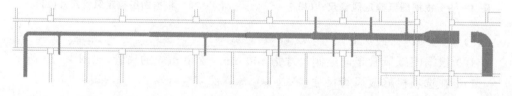

图4-77　完成其他三通接口支管的绘制

(5)绘制新风系统四通接口的支管。

1)将视图平移至团体治疗室和电针室位置,如图4-78所示;支管管件由200×120和160×120两种,优选绘制大的尺寸。

2)输入风管快捷键"D+T"。

3)"属性"窗口设置与步骤3相同。

4)在选项栏修改风管尺寸：修改|放置风管　宽度：200　高度：120　偏移量：3800.0 mm ;

第4章 建筑通风空调系统

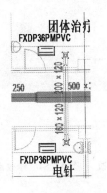

图4-78 绘制支管尺寸

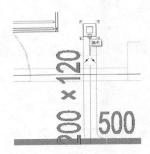

图4-79 支管端点(1)

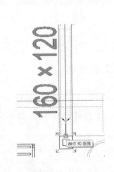

图4-80 支管端点(2)

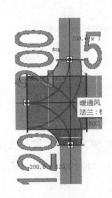

图4-81 支管和主管连接

5) 支管第一点:将光标移至200 mm×120 mm新风支管端点,识别端点后单击(图4-79);

6) 支管第二点:将光标移至160 mm×120 mm新风支管端点,识别交点后单击(图4-80);

7) 将支管和主管完成连接,形成四通,图4-81所示显示四通方向与新风方向不一致,按"Ctrl+Z"键撤回,修改绘制方向。

8) 输入风管快捷键"D+T"。

9) 支管第一点:将光标移至160 mm×120 mm新风支管端点,识别端点,单击;

10) 支管第二点:将光标移至200 mm×120 mm新风支管端点,识别交点,单击;完成支管和主管连接,生成四通,如图4-82所示。

11) 选中支管左侧风管,修改选项栏尺寸。

12) 选中南侧支管,修改选项栏尺寸,如图4-83所示;修改后支管三维视图如图4-84所示;

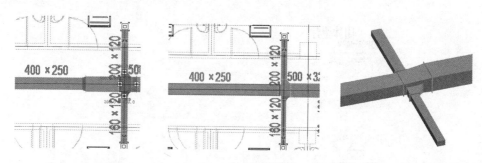

图 4-82　生成四通　　图 4-83　支管尺寸修改　　图 4-84　修改后的支管三维视图

13) 按照以上步骤完成其他四通接口支管的绘制,如图 4-85 所示。

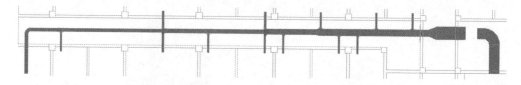

图 4-85　完成四通接口支管绘制

(6) 修改管件类型。

1) 检查自动生成的管件和 CAD 图纸是否一致,图 4-86 和 4-87 所示位置风管变径管、三通和 CAD 图纸不一致,需要修改。

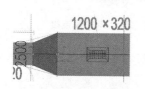 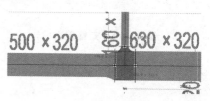

图 4-86　风管变位修改(1)　　　　图 4-87　风管变位修改(2)

2) 选中风管变径管,在"属性"窗口,修改其类型为"30°",如图 4-88 所示。

3) 选中三通,在"属性"窗口,修改其类型为"矩形圆角变径三通—水平中—竖直底对齐—法兰",如图 4-89 所示。

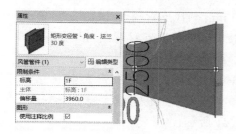 

图 4-88　修改风管类型　　　　　　图 4-89　修改三通

第4章 建筑通风空调系统

（7）上述 Revit 软件绘制通风系统模型的操作步骤主要分为五步。第一步，视图设置；第二步，设置风管属性；第三步，绘制新风主管；第四步，绘制新风支管；第五步，修改风管管件族类型。

（8）立管的绘制

单击风管工具，或用快捷键 D+T，输入风管的尺寸值、标高值，绘制一段风管，然后输入变高程后的标高值。继续绘制风管，在变高程的地方就会自动生成一段风管的立管，立管的连接形式因弯头的不同而不同，下面是立管的两种形式，如图 4-90 所示。

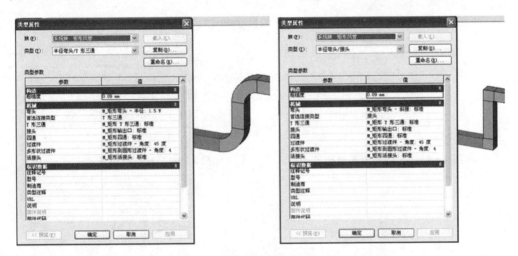

图 4-90　立管形式

绘制风管时，如果有无法自动生成的风管管件，可通过以下方法绘制风管管件。在"系统"面板中单击"风管管件"按钮（快捷键 D+F），在左侧的属性栏中，通过黑色下三角箭头找到需要的风管管件类型，如图 4-91 所示。或者在项目浏览器中找到需要的风管管件类型，直接拖动到工作区内。插入的风管管件（图 4-92），通过"镜像""旋转（90°旋转快捷键：空格）"等命令调整到合适的位置，各个接口的尺寸与对应的风管一致，再与各风管连接。

图 4-91　单击风管管件

图 4-92　插入风管件

2. 绘制新风系统风管附件

【任务说明】在 Revit 软件中打开"门诊楼项目机电模型中心文件"项目文件,根据提供的门诊楼图纸,完成新风系统风管附件的绘制。

【任务目标】学习使用"风管附件"命令布置风管附件。

【任务分析】根据暖施 02 中的"图例"分析暖施 06 和暖施 07 空调风管平面图中新风系统可知:本项目新风系统在入口位置设有电动对开多叶调节阀,如图 4-93 所示;在新风机组和风管连接处有风管金属软接头,如图 4-94 所示;在新风支管处设有对开多叶调节阀,如图 4-95 和 4-96 所示。

下面以一层新风系统为例讲解风管附件的绘制方法。

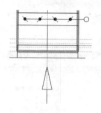

图 4-93　入口设置多叶调节阀

图 4-94　新风机组接头

图 4-95　支管处设对开多叶调节阀(1)

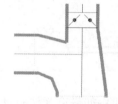

图 4-96　支管处设对开多叶调节阀(2)

【任务实施】

(1) 绘制"电动对开多叶调节阀"和"对开多叶调节阀"

1) 在"项目浏览器"单击"一层暖通风系统"平面视图。

2) 载入本项目需要的风管附件族。

3) 单击功能区中"系统"选项卡→"HVAC"面板→"风管附件"(快捷键 DA),如图 4-97 所示。

4) 在"属性"对话框的下拉菜单中选择"电动对开多叶调节阀",如图 4-98 所示;若找不到所需要的类型,单击"属性"对话框下的"编辑类型"打开"类型属性"对话框,单击按钮找到所需要风管附件族,载入。

第4章 建筑通风空调系统

图4-97 选择"风管附件"

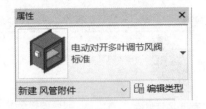

图4-98 选择"多叶调节阀"类型

5)根据底图位置单击鼠标,设置"电动对开多叶调节阀",当附件捕捉到风管中心线(高亮显示)单击鼠标,完成附件绘制,附件自动剪切风管,如图4-99和4-100所示。

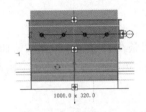

图4-99 捕捉风管中心线

图4-100 完成调节阀附件绘制

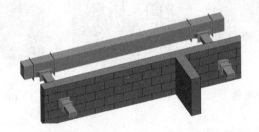

图4-101 完成对开多叶调节阀绘制

6)按照上述步骤完成一层新风系统"对开多叶调节阀"的绘制,如图4-101所示。

(2)绘制"风管金属软接头"

1)输入风管附件快捷键"D+A"。

2)在"属性"对话框的下拉菜单中选择"矩形风管软接",如图4-102所示;若找不到所需要的类型,单击"属性"对话框下的"编辑类型"打开"类型属性"对话框,单击"载入"按钮找到所需要风管附件族,载入。

3)根据底图位置单击鼠标,设置"矩形风管软接",当附件捕捉到风管中心线(高亮显示)单击鼠标,弹出错误提示,如图4-103所示,按"取消"按钮。

图4-102 选择矩形风管软接

图4-103 捕捉风管中心线弹错

【注意】放置风管附件时,需预留足够多的空间。

4)输入风管附件快捷键"D+A",将"矩形风管软接"放在距离风机有一段距离的位置,如图4-104所示。

5)单击鼠标,完成"矩形风管软接"绘制。

6)选中"矩形风管软接",按键盘上的方向键调整附件位置,如图4-105所示。

7)按照步骤4-6完成新风机组另一侧"矩形风管软接"的绘制,如图4-106所示。

图4-104 输入风管附件

图4-105 调节附件

图4-106 完成矩形风管软接绘制

3. 绘制新风系统风口

【任务说明】

在Revit软件中打开"门诊楼项目机电模型中心文件"项目文件,根据提供的门诊楼图纸,完成新风系统风道末端(风口)的绘制。

【任务目标】

① 学习使用"风道末端"命令布置风管附件。

② 学习在"编辑类型"中新建风口尺寸。

③ 学习在三维视图中挑中"风道末端"安装方向。

【任务分析】根据暖施02中的"图例"分析暖施06和暖施07空调风管平面图中新风系统可知:本项目新风系统新风入口处设有防雨百叶风口,如图4-107所示;在出入院大厅位置设有多叶送风口,如图4-108所示;在各房间里设有散流器,如图4-109所示。

绘制暖通风系统末端

第4章 建筑通风空调系统

下面以一层新风系统为例讲解风口的绘制方法。

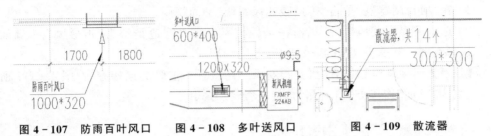

图4-107 防雨百叶风口　　图4-108 多叶送风口　　图4-109 散流器

【任务实施】

（1）绘制防雨百叶风口（1000 mm×320 mm）

1）在"项目浏览器"单击"一层暖通风系统"平面视图。

2）载入本项目需要的"风口"族。

3）单击功能区中"系统"选项卡→"HAVC"选项卡→"风道末端"（快捷键 A+T），如图4-110所示。

4）在"属性"对话框的下拉菜单中选择"矩形防雨百叶风口"，如图4-111所示。

【注意】判断风口安装位置，根据施工图可知"矩形防雨百叶风口"安装在风管入口处。

5）单击"修改/放置风管末端装置"选项卡→"布局"面板→"风道末端安装在风管上"，如图4-112所示。

图4-110 设置风管功能　　图4-111 选择"矩形防雨百叶送风口"　　图4-112 修改风管

6）把"防雨百叶风口"族构件移至对应位置，按空格键调整风口方向，如图4-113所示。

7）单击鼠标，完成风口添加（图4-114），三维视图如图4-115所示。

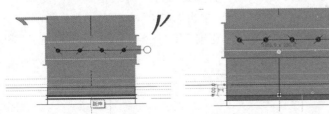 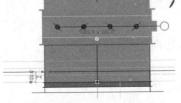 

图4-113 设置"防雨百叶风"　　图4-114 风口设置完成　　图4-115 风管视图效果

(2) 绘制多叶送风口(600 mm×400 mm)

1) 在"项目浏览器"单击"一层暖通风系统"平面视图。

2) 选中需要安装风口的风管,在"属性"窗口修改管道类型为"矩形风管—新风管—底部对齐—接头",如图 4-116 所示。

【注意】连接风口和风管时,要判断风口连接管和主管的连接方式;图 4-117 所示,左侧为"三通"连接方式,右侧为"接头"连接方式。

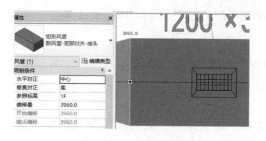

图 4-116 修改风管属性

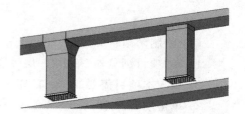

图 4-117 风管左侧"三通"连接方式

3) 单击功能区中"系统"选项卡→"HAVC"选项卡→"风道末端"(快捷键 A+T),如图 4-118 所示。

4) 在"属性"对话框的下拉菜单中选择"双层多叶送风口:300 mm×300 mm",如图 4-119 所示。

图 4-118 设置风道末端

图 4-119 选择"双层多叶送风口"

【注意】如没有"600 mm×400 mm",需要新建对应尺寸。

5) 单击"属性"对话框下的"编辑类型",打开"类型属性"对话框,单击"复制"按钮,在弹出的对话框中输入"600 mm×400 mm",单击"确定",如图 4-120 所示。

6) 在"类型属性"对话框中依次设置"风管宽度"和"风管高度"为"600 mm"和"400 mm",单击"确定",如图 4-121 所示。

第4章 建筑通风空调系统

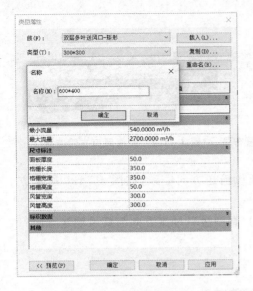

图 4-120 选择风管属性

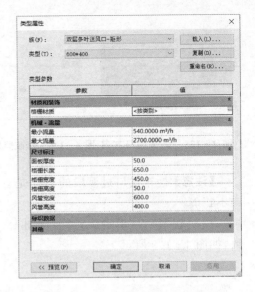

图 4-121 设置风管宽度及高度

7) 在"属性"窗口设置偏移量为"3500 mm",如图 4-122 所示。

8) 根据底图位置用单击鼠标"放置",风口自动支管连接至风管,查看三维视图,自动连接出现错误,如图 4-123 所示。

9) 按住"Ctrl"依次单击图中接口和风管,如图 4-124 所示,按"Delete"键删除。

图 4-122 设置偏移置　图 4-123 自动支管连接错误　图 4-124 删除错误连接视图

10) 选中风口,按空格键调整方向,如图 4-125 所示。

11) 单击"修改/风道末端"→"布局"面板→"连接到"命令,如图 4-126 所示。

12) 单击风管,完成连接,如图 4-127 所示。

图 4-125　调节风口方向　　图 4-126　修改风口支管布局　　图 4-127　完成风口支管连接

【注意】检查接口过渡段的方向是否和新风输送方向一致,如图 4-128 所示方向不正确。

13) 选中接口,单击旋转符号(图 4-128),直到接口过渡方向与新风输送方向一致,如图 4-129 所示。

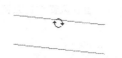 

图 4-128　单击旋转符号　　　　图 4-129　风口支管接口过渡方向
　　　　　　　　　　　　　　　　　　　与新风输送方向一致

【任务总结】风口可以通过风管连接到风管,也可以直接安装在风管上;在平面视图、剖面视图或三维视图中,单击功能区中"系统"选项卡→"HAVC"选项卡→"风道末端"命令,在"修改/放置风管末端装置"上下文选项卡中,选中"风道末端安装在风管上",如图 4-130 所示,风口将直接附着于风管上,如图 4-131 所示。

 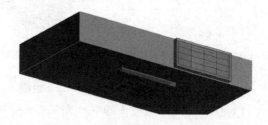

图 4-130　选中"风道末端安装到风道上"　　图 4-131　风口附着于风管效果

第 5 章

建筑电气系统

5.1 电气系统基础知识

从发电厂发出来的电能,经过高压变电所—输电线路—变电所—配电线路—用电设备(或器具),由一系列电气装置和输配电线路构成电力系统。通常,单项工程都以接受电能经变换、分配到用电设备或器具形成工程系统,并按其功能不同分为变配电工程、动力工程、照明工程等。

建筑电气系统指与建筑有关的一切电工、电子设备组成的系统。一般由用电设备、配电线路和控制保护设备三个部分组成。一般建筑电气系统根据其供电特点分为建筑照明系统、建筑动力系统和建筑弱电系统。

5.1.1 电力系统介绍

1. 电力系统的组成

由发电厂、电力网、变电所及电力用户组成的统一整体系统称为电力系统。

(1) 发电厂

发电厂是将各种非电能转换为电能的工厂。

(2) 电力网

电力网是输送、变换和分配电能的网络,由变电所和各种不同电压等级的电力线路所组成。它是联系发电厂和用户的中间环节,电力网的任务是将发电厂生产的电能输送、变换和分配到电力用户。

电力网按其功能常分为输电网和配电网两大类。35 kV 及以上的输电线路和与其相连的变电所组成的电力网称为输电网,它是电力系统的主要网络,作用是将电能输送到各个地区或直接送给大型用户。10 kV 及以下的配电线路和配电变压器所组成的电力网称为配电网,它的作用是将电能分配给各类不同的用户。

电力网的电压等级很多。在我国,习惯将电压为 330 kV 及以上的电压称超高压,1~330 kV 称高压,1 kV 以下的称低压。一般将 3 kV、6 kV、10 kV 等级的电压称为配电电压。建筑电气便是对配电线路系统的应用。

(3) 变电所

变电所是接受电能、变换电压和分配电能的场所。它由电力变压器和配电装置组成。按变压的性质和作用可分为升压变电所和降压变电所两种。仅装有受配电装置而没有电力变压器的称为配电所。

(4) 电力用户

在电力系统中,所有消耗电能的用户均称为电力用户。电力用户所拥有的用电设备可按其用途分为动力用电设备(如电动机等)、工业用电设备(如电解、冶炼、电焊、热处理设备等)、电热用电设备(如电炉、干燥箱、空调等)、照明用电设备和试验用电设备等,它们可将电能转换为化学能、机械能、热能和光能等不同形式。

变配电工程是变电和配电工程的总称。变电是采用变压器,把 10 kV 电压降为 380/220 V;配电是采用开关、保护电器、线路等,安全可靠地把电能进行分配。

2. 电力负荷的分类

电力网上用电设备所消耗的电功率称为电力负荷。根据电力负荷的性质和电力用户对供电可靠性提出的要求,电力负荷可分为一级、二级、三级。

(1) 一级负荷

有下列情况之一者可视为一级负荷:

1) 中断供电将造成人身伤亡的用户。

2) 中断供电会在政治上、经济上造成重大损失的用户,如重大设备损坏,重大产品报废,重点企业生产程序被打乱而又需要长时间才能恢复等。

3) 中断供电将对其产生重大政治及经济影响的用户,如铁路枢纽,重要宾馆,用于国际活动的公共场所等。

(2) 二级负荷

有下列情况之一者可视为二级负荷:

1) 中断供电会造成政治上、经济上较大损失的用户,如主要设备损坏、大量产品报废、重点企业大量减产等。

2) 中断供电会对其产生不良影响的用户,如大型剧院、大型商场等场所中断供电会造成秩序混乱等。

(3) 三级负荷

凡不属于一、二级负荷的用户都属于三级负荷。

3. 各级负荷对供电电源的要求

(1) 一级负荷对供电的要求

一级负荷应由两个独立电源供电,按照生产需要和允许停电时间,采用双电源自动或手动切换的接线,或双电源对多台一级用电设备分组同时供电的接线。对有特殊要求的一级负荷,为保证供电绝对可靠,独立电源应来自不同地点。

(2) 二级负荷对供电的要求

对于二级负荷,应由二回路供电,供电变压器也应有两台(这两台变压器不一定在同一变电所)。在其中一个回路或一台变压器发生常见故障时,二级负荷应做到不致中断供电。

若条件不允许,可采用 10 kV 及以下的专用架空线供电,是否设置备用电源应作经济技术比较,若中断供电造成损失大于设置备用电源费用,则应设置备用电源,否则允许采用一个独立电源。

(3) 三级负荷对供电的要求

三级负荷属不重要负荷,对供电无特殊要求。但在允许情况下,应尽量提高供电的可靠性和连续性。

4. 工业与民用建筑供电系统

(1) 小型工业与民用建筑供电系统

此种供电系统一般只需设立一个简单的变电所,电源进线电压通常为 10 kV,经降压变压器将电压降到 380/220 V,再经低压配电线路向动力用电设备和照明用电设备供电。

(2) 中型工业与民用建筑供电系统

这一供电系统电源进线电压一般为 10 kV,经高压配电所、高压配电线路,将电能送到各车间或民用建筑的降压变电所,再将电压降为 380/220 V,由低压配电线路向用电设备供电。

(3) 大型工业与民用建筑供电系统

此类电源进线电压一般为 110 kV 或 35 kV,需要经两次降压。首先经总降压变电所,将电压降为 10 kV,然后由 10 kV 高压配电线路将电能送到各车间或民用建筑的降压变电所,再将电压降为 380/220 V,由低压配电线路向用电设备供电。

5.1.2 电气照明工程

电气照明是建筑物不可缺少的组成部分,也是建筑安装工程重要的组成部分。照明质量的好坏直接影响着人们的生产、生活、工作与学习。衡量照明质量的好坏主要有照度均匀性、照度合理性、限制眩光性、光源的显色性以及照度的稳定性几个方面。

1. 照明方式

把电能转换成光源的电气工程称为照明工程(其中包括日用电具)。通常情况下照明可分为工作照明和事故照明两种。

(1) 工作照明

工作照明是在正常工作时能顺利地完成作业,保证安全通行和能看清周围的东西而设置的照明。工作照明有三种,即一般照明、局部照明和混合照明。

1) 一般照明是不考虑局部的特殊需要,为整个被照场所设置的照明。在对于工作位置较密而对光照的方向性无要求或者工艺上不适宜设置局部照明的场所,适合单独采用一般照明,这种照明方式的一次投资少,照度较均匀。

2) 局部照明是局限于特殊工作部位的固定式或移动式照明,能为特定的工作面提供更为集中的光线,当某一局部需要高照度,并且对光照方向有要求时,应采用局部照明。

固定式局部照明的灯具是固定安装的;移动局部照明的灯具可以移动。为了人身安全,移动局部照明灯具的工作电压不得超过 36 V,如检修设备用的临时照明手提灯等。

3) 混合照明是由一般照明和局部照明共同组成的照明。在混合照明的场所中,一般照明的照度应不低于混合照明总照度的 5%～10%。

对工作位置需要较高的照度,并对照射方向有特殊要求的场所宜采用混合照明。

混合照明的优点是能够满足各种工作面对照度的要求,在同样条件下比一般照明电消耗少。在高照度时,这种照明方式是比较经济的,也是目前工业建筑和照度要求较高的民用建筑中广泛采用的照明方式。

(2) 事故照明

当正常工作照明因故障熄灭后,提供有关人员临时继续工作或人员疏散等的视觉条件的照明称为事故照明。

事故照明灯具应设置在可能引起事故的设备、材料周围和危险地段、主要通道、出入口等处。这些位置的灯具应标示明显的文字图形或颜色标记(如红色)。事故照明的光源必须能瞬时点燃或启动。事故照明可分为暂时继续工作照明、人员疏散照明、警卫值班照明以及障碍照明四种方式。

2. 装饰照明和特种照明

(1) 装饰照明

在高层民用建筑中,灯具不仅起照明作用,更主要的是起装饰作用,即灯饰,其主要形式有:

1) 发光顶棚。

2) 光梁、光带、光檐。

3) 点光源探照灯。

4）网状系统照明。

5）玻璃水晶灯照明。

(2) 特种照明

特种照明的主要形式有：

1）立面照明。

2）霓虹灯。

3）水下照明。

4）庭院照明。

5）舞厅照明。

6）展厅照明。

7）多功能厅照明。

5.1.3 建筑电气管材、电线、电缆、灯具材料知识

1. 常用电气配管、配线材料

(1) 管材

1）常见管材。在电气安装工程中，电能主要通过电线和电缆来进行输送的，一旦线材需要套管敷设，就需要使用管材。导线（绝缘导线）穿管使用有以下几方面好处：第一，导线可免受外力作用而损伤，提高安全程度，同时可延长使用年限；第二，更换导线方便；第三，暗设于建筑物内，使室内更加美观。

管材按其材质的不同可分为以下几类：

厚钢管：又分为水、煤气钢管和无缝钢管，用 G 表示。

电线管：又称为薄壁钢管，用 DG 表示。

塑料管：又分为硬塑料管和半硬塑料管，分别用 PC 和 PVC 表示。

管材还有金属软管等。

其中，厚钢管多用于动力线路或底层地坪内配管。电线管多用于照明配电线路。塑料管特别是半硬塑料管由于价格低、施工方便，也广泛地应用于照明配电线路上，硬塑料管多用于化工厂等有腐蚀性场所。

2）KBG 管与 JDG 管材。

① KBG（K 指扣压式连接；B 指薄壁；G 指钢管）系列钢导管采用优质管材加工而成，双面镀锌保护，是针对电线管、焊接钢管管材在绝缘电线保护管的敷设工程中施工复杂的状况而研制的，具有较好的技术经济性能。

KBG 管有 $\phi16$、$\phi20$、$\phi25$、$\phi32$、$\phi40$ 五种规格，管壁厚度分别为 1 mm 或 1.2 mm，见表 5-1、5-2。导管出厂长度均为 4 m。KBG 管外形、配件及安装工具如图 5-1～图 5-4 所示。

表 5-1　KBG 管规格尺寸

规　格	$\phi 16$	$\phi 20$	$\phi 25$	$\phi 32$	$\phi 40$
外径 D/mm	16	20	25	32	40
壁厚 d/mm	1.0	1.0	1.2	1.2	1.2

② 套接紧定式镀锌钢导管,简称 JDG 管。JDG 管采用优质冷轧带钢,经高频焊机组自动焊缝成型,双面镀锌保护;壁厚均匀,卷焊圆度高,与管接头公差配合好,焊缝小而圆顺,管口边缘平滑;用配套弯管器弯管时横截面变形小。导管出厂长度为 4 m,共有 $\phi 16$、$\phi 20$、$\phi 25$、$\phi 32$、$\phi 40$ 五种规格。标准型导管壁厚为 1.6 mm,预埋、吊顶敷设均适用;其他导管壁厚为 1.2 mm,仅适用于吊顶敷设。JDG 管规格尺寸见表 5-3。JDG 管外形及配件如图 5-5～图 5-8 所示。

表 5-2　KBG 套接扣压式薄壁钢导管与其他金属管的重量比较

公称直径/mm	套接扣压式薄壁钢导管/KBG		电线管/DG		焊接钢管/G	
	重量	重量比	重量	重量比	重量	重量比
16	0.370	1	0.562	1.5	1.25	3.4
20	0.469	1	0.765	1.6	1.63	3.5
25	0.590	1	1.035	1.8	2.42	4.1
32	0.911	1	1.335	1.5	3.13	3.4
40	1.424	1	1.611	1.1	3.84	2.7

图 5-1　KBG 线管外形图

图 5-2　KBG 管配套线盒

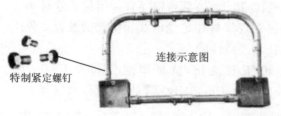

图 5-3　KBG 管连接示意图

图 5-4　扣压器

图 5-5 热镀白锌 JDG 管

图 5-6 镀锌 JDG 管

图 5-7 JDG 管紧定弯头　　　图 5-8 JDG 管件

表 5-3 JDG 管规格尺寸

规 格		φ16	φ20	φ25	φ32	φ40
外径 D/mm		16	20	25	32	40
壁厚 d/mm	标准型	—	1.6	1.6	1.6	1.6
	其他	1.2	1.2	1.2	—	—

(2) 型　材

在电气照明工程中,通常横担使用角钢;防雷装置中的避雷网(或叫避雷带)使用扁钢或圆钢,避雷引下线一般使用圆钢;对于接地装置,其接地母线就使用扁钢,而接地极则通常使用角钢或钢管。另外,在变配电工程或动力工程中,电气设备的基础往往要使用槽钢、角钢和工字钢。

(3) 电　线

1) 塑料绝缘导线。常用的塑料绝缘导线(图 5-9)有 BLV(铝芯塑料绝缘线)、BV(铜芯塑料绝缘线)、BLVV(铝芯塑料绝缘,塑料护套线)、BVV(铜芯 塑料绝缘,塑料护套线)、RFS(复合绞形软线)、RFB(聚丁烯平形软线)、BBX(铜芯玻璃丝织橡皮线)、BVVB(铜芯聚氯乙烯绝缘,聚氯乙烯护套平形电缆)、BV-105(铜芯聚氯乙烯耐高温电线)。

电线和电缆的导线芯一般采用铜芯或铝芯。线芯截面积称为标称(即额定)截面积,其单位是 mm^2。常用的电线电缆标称截面积为(mm)^2:0.2,0.3,0.4,0.5,1.0,1.5,2.5,4.0,6.0,10,16,25,35,50,70,95,120,185,240,300。

2) 橡皮绝缘导线。常用橡皮绝缘导线有 BLX(铝芯橡皮绝缘导线)、BX(铜芯橡皮绝缘导线)。橡皮绝缘导线主要用于低压架空线路及穿管敷设。

图 5-9 塑料绝缘导线外形图

(4) 电 缆

电缆与电线的区别在于其绝缘性能更好，同时又有铠装或其他方式的保护，因此，能承受机械外力作用和一定的拉力，从而可在各种环境条件下进行敷设。电缆线芯如图 5-10 所示。

1) 电力电缆。电缆根据作用不同可分为电力电缆、控制电缆、电讯电缆、移动软电缆；按绝缘类型可分为橡皮绝缘电缆、油浸纸绝缘电缆、塑料绝缘电缆。塑料绝缘电缆是方向产品，具有结构简单、重量轻、韧性好、不受高差限制等优点。

电缆有单芯、双芯、三芯及多芯；控制电缆芯数有 2 芯到 40 芯不等。

图 5-10 电缆线芯示意图

① 油浸纸绝缘电缆（表 5-4、表 5-5、图 5-11）。

表 5-4 油浸纸绝缘电缆表示法

类别、用途	导体	绝缘	内护套	特 征	外护套
Z-纸绝缘电缆	T-铜，一般省略不写 L-铝	Z-油浸纸	Q-铅护套 L-铝护套	CY-充油 F-分相 D-不滴油 C-滤尘用	02、03、20、21、22、 23、30、31、32、33、 40、41、42、43、 441、241

第5章 建筑电气系统

表5-5 油浸纸电缆数字表示的材料及意义

标 记	铠装层	标 记	外被层
0	无	0	无
1	—	1	纤维素
2	钢带(24—钢带、粗圆钢丝)	2	聚氯乙烯套
3	细圆钢丝	3	聚乙烯套
4	粗圆钢丝(44—双粗圆钢丝)	4	—

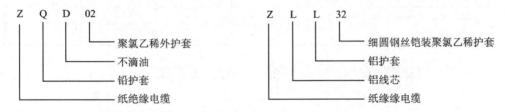

图5-11 油浸纸绝缘电缆表示法

② 橡皮绝缘电缆。
KXV——铜芯橡皮绝缘、聚氯乙烯护套控制电缆；
KV——铜芯橡皮绝缘、钢带铠装聚氯乙烯护套控制电缆。
③ 塑料绝缘电缆(表5-6)。

表5-6 塑料绝缘电缆表示法

类别、用途	导 体	绝 缘	护 套	外护套
V—塑料电缆	T—铜(可省略) L—铝	V—聚氯乙烯	V—聚氯乙烯	22、23、32、33、42、43……—

④ 预分支电缆。即工厂按照电缆用户要求的主、分支电缆型号、规格、截面、长度及分支位置等指标，在工厂内用一系列专用生产设备，在流水生产线上将其制作完成的带分支电缆，FZ系列分支电缆相关参数见表5-7、图5-12，单芯分支电缆型号及安装示意图5-12、图5-13所示。

表5-7 FZ系列分支电缆的型号和名称

产品	电缆名称	型 号			
		单芯	3芯拧绞式	4芯拧绞式	5芯拧绞式
1	聚氯乙烯绝缘聚氯乙烯护套分支电缆	FZ-VV	FZ-VV-3	FZ-VV-4	FZ-VV-5
2	聚氯乙烯绝缘聚氯乙烯护套阻燃型分支电缆	FZ-ZRVV	FZ-ZRVV-3	FZ-ZRVV-4	FZ-ZRVV-5

续表 5-7

产品	电缆名称	型号			
		单芯	3芯拧绞式	4芯拧绞式	5芯拧绞式
3	聚氯乙烯绝缘聚氯乙烯护套耐火型分支电缆	FZ-NHVV	FZ-NHVV-3	FZ-NHVV-4	FZ-NHVV-5
4	交联聚乙烯绝缘聚氯乙烯护套分支电缆	FZ-YJV	FZ-YJV-3	FZ-YJV-4	FZ-YJV-5
5	交联聚乙烯绝缘聚氯乙烯护套阻燃型分支电缆	FZ-ZRYJV	FZ-ZRYJV-3	FZ-ZRYJV-4	FZ-ZRYJV-5
6	交联聚乙烯绝缘聚氯乙烯护套耐火型分支电缆	FZ-NHYJV	FZ-NHYJV-3	FZ-NHYJV-4	FZ-NHYJV-5

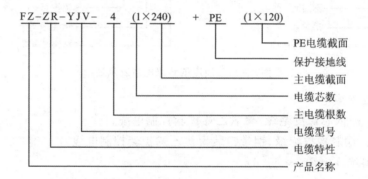

图 5-12 单芯分支电缆型号示范

2) 控制电缆。常见的有：KVLV、KVV-塑料控制电缆（铝芯、铜芯）、KXV-橡皮绝缘控制电缆（铜芯）。控制电缆是供交流 500 V 或直流 1 000 V 及以下配电装置中仪表、电器、电路控制用的，也可供连接电路信号，作为信号电缆用。

2. 电光源与灯具

（1）电光源

电光源为将电能变为光能的装置，常用的电光源有白炽灯、碘钨灯、荧光灯、荧光高压水银灯。

电光源按发光原理可分为两大类：一是热辐射光源，二是气体放电光源，见表 5-8。

（2）灯 具

灯具指光源发出的光线进行再分配的装置，灯具还具有固定光源、保护光源、装饰美化建筑的作用。

第5章 建筑电气系统

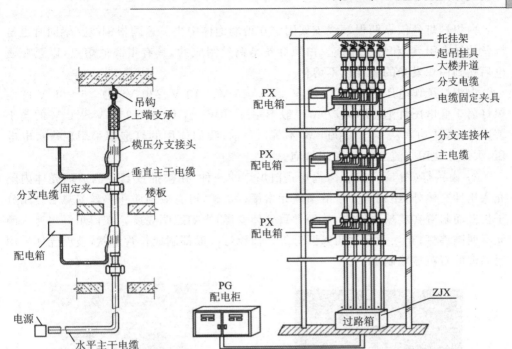

图 5-13 预分支电缆装置及安装示意图

表 5-8 电光源种类表

电光源	热辐射光源	白炽灯(钨丝灯),如普通照明灯泡		
		卤钨灯,如管形照明卤钨灯		
	气体放电光源 (按发光物质分类)	金属	汞灯	低压汞灯,如荧光灯
				高压汞灯,如荧光高压汞灯
			钠灯	低压钠灯
				高压钠灯
		惰性气体	氙灯,如管形氙灯	
			汞氙灯,如管形汞氙灯	
			氖灯,如充有不同惰性气体的霓虹灯	
		金属卤化物灯,如钠铊铟灯、管形铽灯		

　　根据光通量重新分配的情况不同,灯具分为直射照明型,如探照型灯具;半直射照明型,如家用塑料碗形灯;漫射式照明型,如乳白玻璃圆球灯;间接照明型,如金属制反射型吊灯等。

　　1) 白炽灯(图 5-14)。白炽灯灯泡内部抽成真空状态。有些灯泡内抽成真空后还充以惰性气体,抽成真空或再充入惰性气体的目的是使加热的灯丝氧化和金属分子扩散缓慢,提高灯丝的使用温度和发光效率,一般 40W 以上的灯泡才充入惰性气体,40 W 以下的则不充入。

白炽灯灯丝依靠两根铜线支架固定在玻璃泡体中央。这两根铜线支架同时也是灯丝的导电引线,和灯头相连。白炽灯丝是钨丝制成的,具有很高的熔点,以至在通电后达到白炽发光的程度也不熔化。

白炽灯工作电压分为 6 V、12 V、24 V、36 V、110 V、220 V 6 种。6～36 V 的白炽灯属于低电压灯泡,功率较小,一般不超过 10W。工作电压 110 V、220 V 的属于普通灯泡,其功率从 10～1 000 W 不等。目前,我们使用的灯泡都采用现行市电电压,大部分使用交流 220 V 白炽灯泡。

2) 卤钨灯(图 5-15)。卤钨灯是白炽灯的一种,在被抽成真空的玻璃壳体内除充入惰性气体外,还充入少量的卤族元素氟、氯、碘,可有效地防止钨丝受热后金属分子扩散而附着在玻璃壳体内,从而导致壳体变黑,影响照明亮度。在白炽灯内充入碘元素叫碘钨灯;充入氟元素叫氟罗灯等。卤钨灯一般都制成长管形状,玻璃壳体采用耐高温的石英玻璃制成。

图 5-14　白炽灯

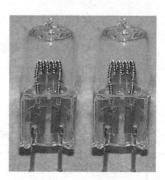

图 5-15　卤钨灯

卤钨灯使用寿命长、发光效率高,寿命期内光维持率几乎达 100%,比普通白炽灯体积小。卤钨灯有两种外形,主要区别在于体外引线。体外引线由两端引出的适用于普通照明;由一端引出的适用于电影、摄影等。

3) 荧光灯。属气体放电光源,玻璃壳由钠钙玻璃制成,是利用管内低压汞蒸气,在放电过程中,汞原子被电离辐射出的紫外线激发荧光灯管内壁的荧光粉而发出可见光,荧光灯加工比较简单,成本不高,可以制成各种光色,其发光效率高、光色好、寿命长,是一种应用最广的光源。

最常见的荧光灯是直形玻璃管状,有粗细两种规格。直管荧光灯(图 5-16)可以制成较大功率的,规格比较齐全,最小的 6 W,最大的 100 W 以上。环形和各种紧凑型荧光灯,尤其是紧凑型荧光灯(图 5-17)一般功率都较小。

第 5 章　建筑电气系统

图 5-16　直管荧光灯

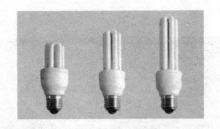

图 5-17　紧凑型荧光灯（节能灯）

4）高压汞灯[图 5-18(a)]。又称高压水银灯，按结构性分为外镇流器高压汞灯和自镇流高压汞灯（图 5-19）两种。高压汞灯是靠高压汞蒸气放电而发光。高压汞灯的玻璃壳体内的内管中气体压力在工作状态下为 1～5 个大气压，大大高于一般低压荧光灯（普通荧光灯只有 6～10 mm 汞柱压力），所以称为高压汞灯。这种灯具有光效高、寿命长（点燃后可持续 5 000 h 左右）、

省电、耐震等优点。高压汞灯的光色为淡蓝绿色，缺乏红色成分，显色性很差，但发光白亮，色表较好。

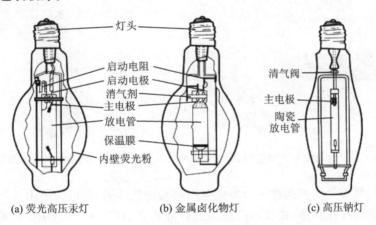

(a) 荧光高压汞灯　　(b) 金属卤化物灯　　(c) 高压钠灯

图 5-18　高强度气体放电

高压汞灯在使用中，灯启动会直接影响灯的使用寿命，灯的寿命一般是按每启动一次点燃 5 h 计算，那么高压汞灯每启动一次对寿命的影响相当于点燃 5～10 h。

5）高压钠灯[图 5-18(c)～图 5-20]。电弧管呈细长形，以减少光辐射的自吸收损失。

6）低压钠灯。光效最高，显色性极差，常用于郊外道路、隧道等，对光色没有要求的场合。

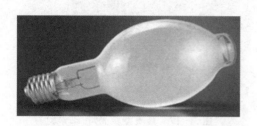
图 5-19 自镇流高压汞灯

图 5-20 高压钠灯

3. 自动空气开关

自动空气开关又称自动空气断路器(图 5-21、图 5-22)。它属于一种能自动切断电源故障的控制保护电器。在电路出现短路或过载时,能自动切断电路,有效保护在它后面的电气设备,也可用于不频繁操作的电路。

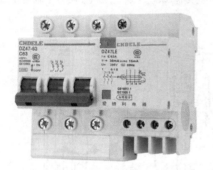
图 5-21 自动空气开关三极 3P+N63 A

图 5-22 自动空气开关单极 IP-100 A

自动空气开关按其用途可分为配电用自动空气开关、电机保护用自动空气开关、照明用自动空气开关等;按其结构分为塑料外壳式、框架式、快速式、限流式等;但基本形式主要有万能式和装置式两种,分别用 W 和 Z 表示。塑料外壳式自动空气开关属于装置式,它具有保护性能好、安全可靠等优点。其中框架式自动空气开关是敞开装在框架上的,因其保护方案和操作方式较多,故有"万能式"之称。快速自动空气开关,主要用于半导体整流器的过载、短路的快速保护。限流式空气开关,用于交流电网快速动作的自动保护,以限制短路电流。

4. 配电箱(盘)

由各种开关电器、电气仪表、保护电器、引入引出线等按照一定方式组合而成的成套电气装置,统称为配电箱。配电箱主要用来接受电能和分配电能,以及对建筑物内的负荷进行直接控制,在建筑物内应用十分广泛。配电箱有标准产品和非标准产品两大类。标准产品是国家统一设计的产品,其结构和内部元件、接线都是统一的;非标准产品是根据实际工程的不同而单独设计、制作的产品,也有的是在标准产品的基础上做部分改动的产品。

配电箱的安装方式有明装和暗装两种。

配电箱类型很多,可按不同的方法归类。按其功能可分为电力配电箱、照明配电箱(图5-23)、计量箱和控制箱。按照结构可分为板式、箱式和落地式。按使用场所分为户外式和户内式两种。

标准式照明配电箱是按国家标准统一设计的全国通用的定型产品。照明配电箱内主要装有控制各支路的刀闸开关或自动空气开关、熔断器,有的还装有电度表、漏电保护开关等。

5．开关、插座

如图5-24所示,开关、插座属于建筑电气产品中的电器附件,主要用途是接通和断开用电设备的电源或信号,分类方法很多,主要有:

(1) 按使用方式分:开关类、插座类;
(2) 按结构形式分:机械式、电子式;
(3) 按使用场所分:墙壁开关、插座,地面插座(图5-24),工业插座。

图5-23　照明配电箱外形　　　　　图5-24　地面插座外形

5.2　建筑电气系统安装

5.2.1　配线工程的安装

1．室内配线的一般要求

(1) 所用导线的额定电压应大于线路的工作电压。导线的绝缘应符合线路的安装方式和敷设环境的条件。导线截面应能满足供电质量和机械强度的要求,线芯允许最小截面面积见表5-9所列的数值。

(2) 导线敷设时,应尽量避免接头。因为常由于导线接头质量不好而造成事故,所以若必须接头,应采用压解或焊接。

(3) 导线在连接和分支处,不应受机械力的作用,导线与电气端子连接时要牢靠压实。

表 5-9 线芯允许最小截面

分设方式及用途	线芯最小截面面积/mm²		
	铜芯软线	铜线	铝线
一、敷设在室内绝缘支持件上的裸导线		2.5	4
二、敷设在绝缘支持件上的绝缘导线,其支持点间距为:			
(1)1 m 及以下室内		1.0	1.5
室外		1.5	2.5
(2)2 m 及以下室内		1.0	2.5
室外		1.5	2.5
(3)6 m 及以下室内		2.5	4
(4)12 m 以下		2.5	6
三、穿管敷设的绝缘导线	1.0	1.0	2.5
四、槽板内敷设的绝缘导线		1.0	1.5
五、塑料护套线敷设		1.0	1.5

(4) 穿在管内的导线,在任何情况下都不能有接头,必须有接头时,可把接头放在接线盒或灯头盒、开关盒内。

(5) 各种明配线应垂直敷设和水平敷设,要求横平竖直,导线水平高度距地不应小于 2.5 m;垂直敷设不应低于 1.8 m,否则应加管、槽保护,以防机械损伤。

(6) 导线穿墙时应装过墙管保护,过墙管两端伸出墙面应不小于 10 mm,若太长,也不美观。

(7) 当导线沿墙壁或天花板敷设时,导线与建筑之间的最小距离:瓷夹板配线不应小于 5 mm,瓷瓶配线不小于 10 mm。在通过伸缩缝的地方,导线敷设应稍有松弛。对于线管配线应设补偿盒,以适应建筑物的伸缩性。

(8) 为确保用电安全,室内电气管线与其他管道间应保持一定距离,如表 5-10 所示。施工中,如不能满足列表中所列距离,则应采用下列措施。

① 电气管线与蒸汽管不能保持表 5-10 中的距离时,可在蒸汽管外包一隔热层,这样平行距离可减到 200 mm;交叉距离需考虑施工维修方便,但管线周围温度应经常在 35 ℃ 以下。

② 电气管线与暖水管不能保持表 5-10 中的距离时,可在暖水管外包隔热层。

③ 裸导线应敷设在管道上面,当不能保持表 5-10 中的距离时,可在裸导线外加装保护网或保护罩。

第5章 建筑电气系统

表 5-10 室内配线与管道间最小距离

管道名称		配线方式		
		穿管配线	绝缘导线明配线	裸导线配线
		最小距离/mm		
蒸汽管	平行	1 000/500	1 000/500	1 500
	交叉	300	300	1 500
暖、热水管	平行	300/200	300/200	1 500
	交叉	100	100	1 500
通风、上下水压缩空气管	平行	100	200	1 500
	交叉	50	100	1 500

注：表中分子数字为电气管敷设在管道上面的距离，分母数字为电气管线敷设在管道下面的距离。

2. 线管配线

把绝缘导线穿在管内敷设，称为管配线。这种线管配线方式比较安全可靠，可避免腐蚀性气体的侵蚀和机械损伤，更换电线也方便，普遍应用于重要公用建筑和工业厂房以及易燃、易爆及潮湿的场所。

线管配线通常有明配和暗配两种。明配是把线管敷设于墙壁、桁架等表面明露处，要求横平竖直、整齐美观。暗配是把线管敷设于墙壁、地坪或楼板内等处，要求管路短，弯曲少，以便穿线。

线管配线常使用的管线有低压流体输送钢管（又称焊接钢管，分镀锌和不镀锌两种，其管壁较厚，管径以内径计）、电线管（管径较薄，管径以外径计）、硬塑料管、半硬塑料管、塑料波纹管、软塑料管和软金属管（俗称蛇皮管）等。

线管配线施工包括线管选择、线管加工、线管连接、线管敷设和线管穿线等几道工序。

3. 金属线槽敷设

金属线槽一般适用于正常环境的室内场所明敷设。金属线槽一般由0.4～1.5 mm的钢板压制而成，为具有槽盖的封闭式金属线槽。

4. 电缆配线的安装

电缆敷设的一般规定：
(1) 电力电缆型号、规格应符合施工图样的要求。
(2) 并联运行的电力电缆其长度、型号、规格应相同。
(3) 电缆敷设时，在电缆终端头与电缆接头附近须留出备用长度。
(4) 电缆敷设时，弯曲半径不应小于表 5-11 的规定。

表 5-11 电缆最小允许弯曲半径与电缆外径的比值

电缆形式			多芯	单芯
控制电缆			10	
橡皮绝缘电力电缆	无铅包、钢铠护套		10	
	裸铅包护套		15	
	钢铠护套		20	
聚氯乙烯绝缘电力电缆			10	
交联聚乙烯绝缘电力电缆			15	20
油浸纸绝缘电力电缆	铅包		30	
	铅包	有铠装	15	20
		无铠装	20	
自容式充油(铅包)电缆				20

(5) 油浸纸绝缘电力电缆最高点与最低点的最大允许敷设位差不应超过表 5-12 的规定。

(6) 电缆各支持点间的距离不应超过表 5-13 规定的数值。

表 5-12 油浸纸绝缘电力电缆最大允许敷设位差

电压等级(kV)	电缆护层结构	最大允许敷设位差/m
1	无铠装有铠装	20
		25
6~10	无铠装或有铠装	15

表 5-13 电缆各支持点间的距离

单位/mm

电缆种类		敷设方式	
		水平	垂直
电力电缆	全塑料	400	1 000
	除全塑料外的中低压电缆	800	1 500
控制电缆		800	1 000

电缆应在下列地点用夹具固定:①垂直敷设时在每一个支架上。②水平敷设时在电缆首尾两端、转弯及接头处。当控制电缆与电力电缆在同一支架上敷设时,各支持点的间距按控制电缆要求的数值处理。

(7) 电缆敷设时,电缆应从电缆盘的上端处,避免电缆在支架上及地面上摩擦或拖拉。用机械敷设时,电缆最大允许牵引强度宜符合 5-14 的要求,其敷设速度不宜超过 15 m/min。

第5章 建筑电气系统

表 5-14 电缆最大允许牵引强度

单位/N·mm²

牵引方式	牵引头		钢丝套网		
受力部位	铜芯	铝芯	铅套	铝套	塑料护套
允许牵引强度	70	40	10	40	7

(8) 敷设电缆时,现场的温度不应低于表 5-15 的数值,否则应对电缆进行加热处理。

表 5-15 电缆最低允许敷设温度

电缆类型	电缆结构	最低允许敷设温度(Y)
油浸纸绝缘电力电缆	充油电缆	-10
	其他塑纸电缆	0
橡皮绝缘电力电缆	橡皮或聚氯乙烯护套	-15
	裸铅套	-20
	铅护套钢带铠装	-7
塑料绝缘电力电缆	塑料护套	0
控制电缆	耐寒护套	-20
	橡皮绝缘聚氯乙烯护套	-15
	聚氯乙烯绝缘聚氯乙烯护套	-10

(9) 敷设电缆时不宜交叉,应排列整齐,加以固定,并及时装设标志牌。装设标志牌应符合下列要求:①在电缆终端头、电缆接头、拐弯处、夹层内及竖井的两端等地方应装设标志牌。②标志牌上应注明线路编号(当设计无编号时,则应写明规格、型号及起始点)。③标志牌的规格宜统一,悬挂应牢固。

(10) 电力电缆接头盒位置应符合要求。地下并列敷设的电缆,接头盒的位置宜相互错开;接头盒外面应有防止机械损伤的保护盒(环氧树脂接头盒除外)。位于冻土层的保护盒,盒内应注满沥青,以防水分进入盒内因冻胀而损坏电缆接头。

(11) 电缆进入电缆沟、竖井、建筑物以及穿入管子时,出入口应封闭,管口应密封。

5.2.2 电气照明动力工程的安装

1. 照明配电系统

照明配电系统通常按照"三级配电"的方式进行,由照明总配电箱、楼层配电箱、房间开关箱及配电线路组成。

(1) 照明总配电箱

照明总配电箱指把引入建筑物的三相总电源分配至各楼层的配电箱。当每层的用电负荷较大时,采用独立线路(放射式)对该层配电,如图 5-25(a)所示;当每层的用电负荷不大时,采用树干式方法对该层配电,如图 5-25(b)所示。总配电箱内的进线及出线应装设具有短路保护功能和过载保护功能的断路器。

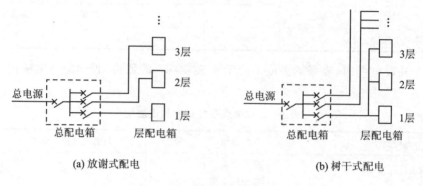

图 5-25 总配电箱配电示意

楼层配电箱把三相电源分为单相,分配至该层的各房间开关箱以及楼梯、走廊等公共场所的照明电器进行供电。当房间(如大会议室、大厅、大餐厅等)的用电负荷较大时,则由楼层配电箱分出三相支路给该房间的开关箱,再由开关箱分出单相线路给房间内的照明电器供电。楼层配电箱内的进线及出线也应装设断路器进行保护,如图 5-26 所示。

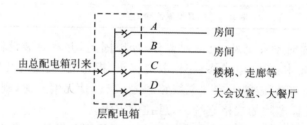

图 5-26 楼层配电箱配电示意

房间开关箱分出插座支线(如空调器、电热水器等)给相应电器供电。插座支线应在开关箱内装设断路器及漏电保护器,其他支路应装设断路器。一般房间内的照明灯具由其邻近的、装在墙壁上的灯具开关控制,如图 5-27(a)所示;灯数较多且同时开、关的大房间(如大会议室、大厅、大餐厅等),则由开关箱内的断路器分组控制,如图 5-27(b)所示。

房间开关箱、楼层配电箱、总配电箱一般明装或暗装在墙壁上,配电箱底边边距地 1.5~1.8 m,体积较大且较重的配电箱则落地安装。安装在配电箱内的断路器,其额定电流应大于所控制线路的正常工作电流;漏电保护器的漏电动作电流一般为 30 mA,潮湿场所为 15 mA。

第5章 建筑电气系统

图 5-27 房间开关箱配电示意

(2) 照明配电线路

引入建筑物的照明总电源一般用 VV 型电缆埋地引入或用 BV 型绝缘电线沿墙架空引入。

由总配电箱至楼层配电箱的照明干线一般用 VV 型电缆或 BV 型绝缘电线,穿钢管或穿 PVC 管沿墙明敷设或暗敷设,或明敷设在专用的电气竖井内。

由楼层配电箱至房间开关箱的线路一般用 BV 型绝缘电线,是用塑料线槽沿墙明敷设,或穿管暗敷设。所用绝缘电线的允许载流量应大于该线路的实际工作电流。

房间内照明线路一般用 BV 型绝缘电线用塑料线槽明敷设,或穿管暗敷设。空调、电热水器等专用插座线路的电线截面面积可选 $4\ mm^2$,灯具及一般插座线路的电线截面面积一般选 $2.5\ mm^2$。穿管敷设时,电线根数与穿管管径的配合为:2 根电线时穿管管径为 15 mm,3~5 根时穿管管径为 20 mm,6~9 根时穿管管径为 25 mm。

(3) 应急照明

通向楼梯的出口处应有"安全出口"的标志灯,走廊、通道应在多个地方设置疏散指示灯。楼梯、走廊及其他公共场所应设置应急照明灯具,在市电停电时起临时照明的作用。应急照明灯、疏散指示灯、出口标志灯用独立的配电线路进行供电,供电电源应为不会同时停电的双路电源。一般建筑物也可用自带可充电蓄电池的灯具作应急照明。

2. 照明配电箱的安装

照明配电箱的安装主要有明装、嵌入式暗装、落地式安装三种方式。要求较高的场所一般采用嵌入式暗装的方式,要求不高的场所或由于配电箱体积较大不便暗装时可采用明装方式,容量、体积较大的照明总配电箱则采用落地式安装方式。

照明配电箱安装的基本要求:

(1) 照明配电箱的安装环境。照明配电箱应安装在干燥、明亮、不易受振、便于操作的场所,不得安装在水池的上、下侧,若安装在水池的左、右侧,其净距不应小于 1 m。

照明配电箱的安装高度应按设计要求确定。一般情况下,暗装配电箱底边距地面的高度为 1.4~1.5 m,明装配电箱的安装高度不应小于 1.8 m。配电箱安装的垂直偏差不应大于 3 mm,操作手柄距侧墙的距离不应小于 200 mm。

(3) 暗装配电箱后壁的处理和预留孔洞的要求。在 240 mm 厚的墙壁内暗装配电箱时,其墙后壁需加装 10 mm 厚的石棉板和直径为 2 mm、孔洞为 10 mm 的钢丝网,再用 1:2 水泥砂浆抹平,以防开裂。墙壁内预留孔洞的大小应比配电箱的外形尺寸略大 20 mm 左右。

(4) 配电箱的金属构件、铁制盘及电器的金属外壳,均应做好保护接地(或保护接零)。接零系统中的零线,应在引入线处或线路末端的配电处做好重复接地。

(5) 配电箱内的母线应有黄(L1)、绿(L2)、红(L3)等分相标志,可用刷漆涂色或采用与分相标志颜色相应的绝缘导线。

(6) 配电箱外壁与墙面的接触部分应涂防腐漆,箱内壁及盘面均刷两道驼色油漆。除设计有特殊要求外,箱门油漆颜色一般均应与工程门窗颜色相同。

3. 照明灯具安装

(1) 吊灯的安装

小型吊灯在吊棚上安装应在主龙骨上设置具紧固装置,将吊灯通过连接件悬挂在紧固装置上。紧固主蛇骨的连接应可靠,有时需要在支持点处对称加设建筑物主体与棚面间的吊杆,以抵消灯具加在吊棚上的重力,使吊棚不至于下沉、变形。吊杆出顶棚面最好加套管,这样可以保证顶棚面板的完整。安装时要保证牢固和可靠,如图 5-28 所示。

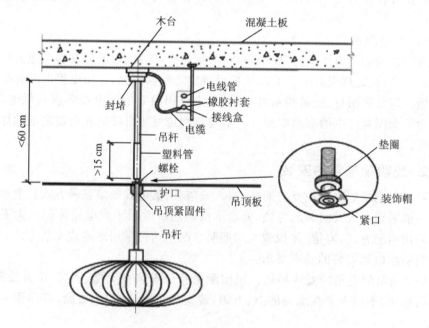

图 5-28 吊灯在顶棚上安装

重量较重的吊灯在混凝土顶棚上安装时,要预埋吊钩或螺栓,或者用胀管螺栓紧固,如图 5-29 所示。安装时应使吊钩的承重力大于灯具重量的 14 倍。大型吊灯因体积大、灯体重,必须固定在建筑物的主体棚面上(或具有承重能力的构架上),不允许在轻钢龙骨吊棚上直接安装。采用胀管螺栓紧固时,胀管螺栓规格不宜少于 M6,螺栓数量至少要两个,不能采用轻型自攻型胀管螺钉。

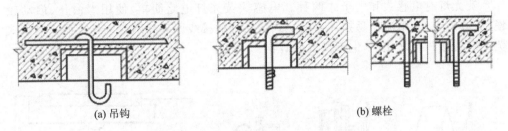

(a) 吊钩　　　　　　　　　　　　　　　　(b) 螺栓

图 5-29　灯具吊钩及螺栓预埋做法

(2) 吸顶灯的安装

吸顶灯在混凝土顶棚上安装时,可以在浇筑混凝土前,根据图纸要求把木砖预埋在里面,也可以安装金属胀管螺栓,如图 5-30 所示。在安装灯具时,把灯具的底台用木螺钉安装在预埋的木砖上,或者用胀管螺栓将底盘固定在混凝土顶棚的胀管螺栓上,再把吸顶灯与底台、底盘固定。如果灯具底台直径超过 100 mm,往预埋木砖上固定时,必须用两个螺钉。圆形底盘吸顶灯紧固螺栓不得少于 3 个,方形或矩形底盘吸顶灯紧固螺栓不得少于 4 个。

小型、轻型吸顶灯可以直接安装在吊顶棚上,但不得用吊顶棚的罩面板作为螺钉的紧固基面。安装时应在罩面板的上面加装木方,木方规格为 60 mm×40 mm,木方要固定在吊顶棚的主龙骨上。安装灯具的紧固螺钉拧紧在木方上,如图 5-31 所示。较大型吸顶灯安装,可以用吊杆将附件装置在建筑物主体顶棚上,或者固定在吊棚的主龙骨上,也可以在钢龙骨上紧固灯具附件,而后将吸顶灯安装至吊顶棚上。

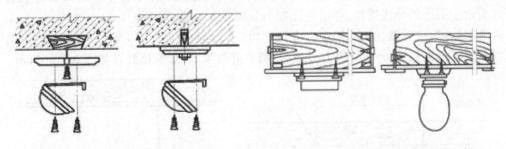

图 5-30　吸顶灯在混凝土顶棚上安装　　　　　图 5-31　吸顶灯在吊顶棚上安装

(3) 壁灯的安装

安装壁灯时,先在墙或柱上固定底盘,再用螺钉把灯具紧固在底盘上。固定底盘时,可用螺钉旋入灯位盒的安装螺孔来固定,也可在墙面上用塑料胀管及螺钉固定。壁灯底盘的固定螺钉一般不少于两个。

壁灯的安装高度一般为:灯具中心距地面 2.2 m 左右,床头壁灯以 1.2～1.4 m 为宜。壁灯安装如图 5-32 所示。

(4) 荧光灯的安装

荧光灯有电感式和电子式两种。电感式荧光灯电路简单、使用寿命长、启动较慢、有频闪效应、镇流器易损坏。电感式荧光灯的接线原理如图 5-33 所示。电子式荧光灯的接线与之相同,但不需要启辉器。

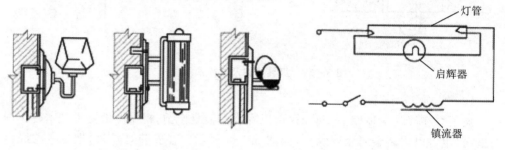

图 5-32　壁灯安装示意　　　　　图 5-33　电感式荧光灯的接线原理

1) 荧光灯吸顶安装。根据设计图纸确定出荧光灯的位置,将荧光灯贴紧建筑物表面,荧光灯的灯架应完全遮盖住灯头盒,对准灯头盒的位置打好进线孔,将电源线穿入灯架,在进线孔处应套上塑料管保护导线,用胀管螺钉固定灯架。如果荧光灯是安装在吊顶上的,应该将灯架固定在龙骨上。灯架固定好后,将电源线压入灯架内的端子板上。把灯具的反光板固定在灯架上,并将灯架调整顺直,最后把荧光灯管装好。如图 5-34 所示。

2) 荧光灯吊链安装。吊链的一端固定在建筑物顶棚上的塑料(木)台上,根据灯具的安装高度,将吊链编好挂在灯架挂钩上,并且将导线编叉在吊链内引入灯架,在灯架的进线孔处应套上软塑料管保护导线,压入灯架内的端子板上。将灯具导线和灯头盒中引出的导线连接,并用绝缘胶布分层包扎紧密,理顺接头扣于塑料(木)台上的法兰盘内,法兰盘(吊盒)的中心应与塑料(木)台的中心对正,用木螺钉将其拧牢,将灯具的反光板固定在灯架上。最后,调整好灯架,将灯管接好。如图 5-35 所示。

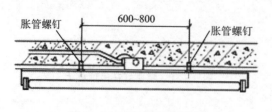　　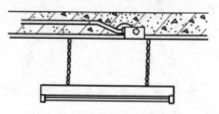

图 5-34　荧光灯吸顶安装　　　　　图 5-35　荧光灯吊链安装

3) 荧光灯嵌入吊顶内安装。荧光灯嵌入吊顶内安装时,应先把灯罩用吊杆固定在混凝土顶板上,底边与吊顶平齐。电源线从线盒引出后,应穿金属软管保护,如图 5-36 所示。

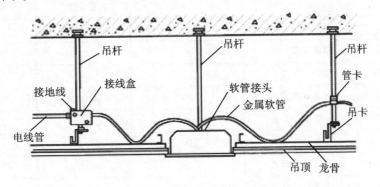

图 5-36　荧光灯嵌入吊顶内安装

4. 灯具开关及插座安装

(1) 灯具开关及插座的种类

建筑物内使用的灯具开关及插座,一般都为定型产品。常用的开关及插座有 86 系列(面板高度为 86 mm)、120 系列(面板高度为 120 mm),其外形如图 5-37 所示。型号和规格见表 5-16。

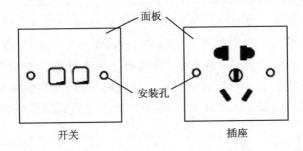

图 5-37　灯具开关及插座外形

选择灯具开关及插座时,同一建筑物内应选用同一系列的产品,其额定电压应不小于 250 V,额定电流应大于线路中的实际工作电流。一般插座选用 10 A,空调、电热水器及其他大功率家用电器应选用 16 A 的插座。

(2) 灯具开关及插座的安装

安装灯具开关及插座时,应配合专用的底盒(又称为开关盒、插座盒)。底盒在配管配线时固定好,把灯具开关及插座接好线后,用螺钉固定在底盒上,再用孔塞盖(又称为装饰帽)盖住螺钉即可,如图 5-38 所示。

表 5-16　部分灯具开关及插座的型号和规格

型号	名称	额定电流(A)	尺寸/mm 高×宽	安装孔距
E31/1/2A	单联单控开关	10	86×86	60.3
E31/2/3A	单联双控开关	10	86×86	60.3
E32/1/2A	双联单控开关	10	86×86	60.3
E32/2/3A	双联双控开关	10	86×86	60.3
E33/1/2A	三联单控开关	10	86×86	60.3
E33/2/3A	三联双控开关	10	86×86	60.3
E34/1/2A	四联单控开关	10	86×86	60.3
E34/2/3A	四联双控开关	10	86×86	60.3
E31BP+A/3A	门铃开关	3	86×86	60.3
BM3	风扇调速开关	10	86×86	60.3
E426U	双孔插座	10	86×86	60.3
E426/10SF	三孔带熔丝管插座	10	86×86	60.3
E426/10US	二三孔插座	10	86×86	60.3
E426/16CS	三孔插座	16	86×86	60.3

1) 灯具开关明装。按照设计图纸的要求定好位置，用胀管螺丝固定好底盒，使底盒端正、牢固。电线从底盒敲落孔穿入底盒内，留出 15 cm 左右，钳去多余线头。剥去线头绝缘层，与开关接线桩压接好，注意线芯不要外露。固定开关时，跷板上有红色"ON"字母的应朝上。跷板或面板上无任何标识的，应装成跷板下部按下时，开关应处在合闸的位置，跷板上部按下时，应处在断开位置，如图 5-39 所示。

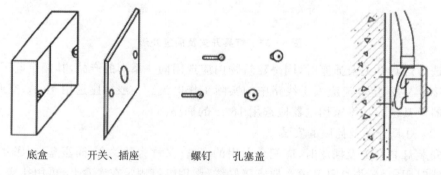

底盒　开关、插座　螺钉　孔塞盖

图 5-38　灯具开关及插座安装方法　　图 5-39　灯具开关明

2) 灯具开关暗装。灯具开关暗装时，应在墙面装饰结束后进行。底盒在配管配线时预埋好,安装前,清理底盒内杂物,接线及固定开关方法与前相同。如图 5-40 所示。

3) 插座安装。插座安装方法与灯具开关相同,可明装,也可暗装。接线时,应符合如下规定:面对插座,双孔插座"左零线,右相线";三孔插座"左零线,右相线,上接地",如图 5-41 所示。

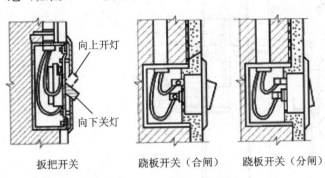

图 5-40 灯具开关安装

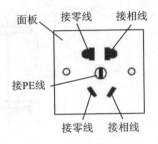

图 5-41 插座接线示

5.2.3 建筑防雷与接地装置的安装

1. 建筑物防雷

第一类、第二类民用建筑,应有防直接雷击和防雷电波侵入的措施;第三类民用建筑,应有防止雷电波沿低压架空线路侵入的措施,至于是否需要防止直接雷击,应根据建筑物所处的环境特性、建筑物的高度以及面积来判断。

(1) 防直击雷的措施

民用建筑的防雷措施,原则上是以防直击雷为主要目的,防止直击雷的装置一般由接闪器、引下线和接地装置三部分组成。

由接闪器、引下线和接地装置组成的防雷装置,能有效防止直击雷的危害。其作用原理是:接闪器接受雷电流后通过引下线进行传输,最后经接地装置使雷电流入大地,从而保护建筑物免遭雷击。由于防雷装置避免了雷电对建筑物的危害,所以把各种防雷装置和设备称为避雷装置和避雷设备,如避雷针、避雷带、避雷器等。

(2) 防雷电波入侵的措施

防雷电波入侵的一般措施是:凡进入建筑物的各种线路及金属管道采用全线埋地引入的方式,并在入户处将其有关部分与接地装置相连接。当低压线全线埋地有困难时,可采用一段长度不小于 50 m 的铠装电缆直接埋地引入,并在入户端将电缆的金属外皮与接地装置相连接。当低压线采用架空线直接入户时,应在入户处装设阀式避雷器,该避雷器的接地引下线应与进户线的绝缘子铁脚、电气设备的接地装置连在一起。避雷器能有效地防止雷电波由架空管线进入建筑物,阀式避雷器在墙上的安装及接线如图 5-42 所示。

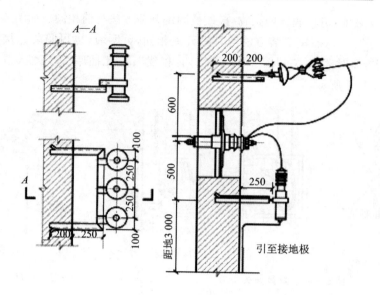

图 5-42 阀式避雷器在墙上的安装及接线

(3) 防雷电反击的措施

应防止雷电流流经引下线产生的高电位对附近金属物体的反击。所谓反击,就是当防雷装置接受雷电流时,在接闪器、引下线和接地体上都会产生很高的电位,如果防雷装置与建筑物内外的电气设备、电线或其他金属管线之间的绝缘距离不符合要求,它们之间就会发生放电,该现象称为反击。反击会造成电气设备绝缘破坏、金属管道烧穿,甚至引起火灾和爆炸。

防止雷电反击的措施有两种:

1) 将建筑物的金属物体(含钢筋)与防雷装置的接闪器、引下线分隔开,并且保持一定的距离。

2) 在施工中,如果防雷装置与建筑物内的钢筋、金属管道分隔开有一定的难度,可将建筑物内的金属管道系统的主干管道与靠近的防雷装置相连接,有条件时宜将建筑物内每层的钢筋与所有的防雷引下线连接。

(4) 现代建筑的防雷特点

现代工业与民用建筑大多采用钢筋混凝土结构,建筑物内的各种金属物和电气设备种类繁多。例如,建筑物内的暖气、煤气、自来水等管道以及家用电器、电子设备越来越多,若以上设备不采取合适的防雷措施,极易发生雷电事故。因此,在考虑防雷措施时,不仅要考虑建筑物本身的防雷,还要考虑建筑物内部设备的防雷。对于工业与民用建筑,所采取的防雷措施主要取决于不同建筑物的防雷分类。

2. 建筑工地防雷

高大建筑物施工工地的防雷问题值得重视。由于高层建筑物施工工地四周的起重机、脚手架等突出很高,木材堆积很多,万一遭受雷击,不仅对施工人员的生命造成

危险,而且很容易引起火灾和造成事故。高层楼房施工期间应该采取如下措施:

(1) 施工时应提前考虑防雷施工程序,为了节约钢材,应按照正式设计图纸的要求,首先做好全部接地装置。

(2) 在开始架设结构骨架时,应按图纸规定,随时将混凝土柱子内的主筋与接地装置连接起来,以备施工期间柱顶遭到雷击时,使雷电流安全入地。

(3) 沿建筑物的四角和四边竖起的杉木脚手架或金属脚手架,应做数根避雷针,并直接接到接地装置上,保护全部施工面积,保护角可按 60°计算,针长最少应高出杉木 30 cm,以免燃烧木材。在雷雨季节施工时,应随杉木的接高及时加高避雷针。

(4) 施工用的起重机最上端必须装设避雷针,并将起重机下面的钢架连接于接地装置上,接地装置应尽可能利用永久性接地系统。

(5) 应随时使施工现场正在绑扎钢筋的各层构成一个等电位面,以避免使人遭受雷击产生跨步电压的危险,由室外引来的各种金属管道及电缆外皮,都要在进入建筑物的进口,就近接在接地装置上。

3. 接地的类型和作用

在日常生活和工作中难免会发生触电事故。用电时人体与用电设备的金属结构(如外壳)相接触,如果电气装置的绝缘损坏,导致金属外壳带电,或者由于其他意外事故,使金属外壳带电,则会发生人身触电事故。为了保证人身安全和电气系统、电气设备的正常工作,采取保护措施是非常必要的。最常用的保护措施就是保护接地或保护接零。根据电气设备接地的作用不同,可将接地类型分为以下几种。

(1) 工作接地

在正常情况下,为保证电气设备的可靠运行,并提供部分电气设备和装置所需要的相电压,将电力系统中的变压器低压侧中性点通过接地装置与大地直接相连,这种接地方式称为工作接地。

(2) 保护接地

为了防止电气设备由于绝缘损坏而造成的触电事故,将电气设备的金属外壳通过接地线与接地装置连接起来,这种保护人身安全的接地方式称为保护接地。其连接线称为保护线(PE)或保护地线和接地线。

(3) 工作接零

单相用电设备为获取相电压而接的零线,称为工作接零。其连接线称中性线(N)或零线,与保护线共用的称为 PEN 线。

(4) 保护接零

为了防止电气设备因绝缘损坏而使人身遭受触电危险,将电气设备的金属外壳与电源的中性线(俗称零线)用导线连接起来,称为保护接零。其连接线也称为保护线(PE)或保护零线。

(5) 重复接地

当线路较长或要求接地电阻值较低时,为尽可能降低零线的接地电阻,除变压器低压侧中性点直接接地外,将零线上一处或多处再进行接地,称为重复接地。

(6)防雷接地

防雷接地的作用是将雷电流迅速安全引入大地,避免建筑物及其内部电气设备遭受雷电侵害。

(7)屏蔽接地

由于干扰电场的作用会在金属屏蔽层感应电荷,而将金属屏蔽层接地,使感应电荷导入大地,称屏蔽接地,如专用电子测量设备的屏蔽接地等。

(8)专用电气设备的接地

如医疗设备、电子计算机等的接地,即为专用电气设备的接地。电子计算机的接地主要有直流接地(即计算机逻辑电路、运算单元、CPU等单元的直流接地,也称逻辑接地)和安全接地。一般电气设备的接地有信号接地、安全接地、功率接地(即电气设备中所有继电器、电动机、电源装置、指示灯等的接地)等。

(9)接地模块

接地模块是近年来在施工中推广的一种接地方式。接地模块顶面埋深不小于0.6 m,接地模块间距不应小于模块长度的3~5倍。接地模块埋设基坑,一般为模块外形尺寸的1.2~1.4倍,且在开挖深度内详细记录地层情况。接地模块应垂直就位或水平就位,不应倾斜设置,保持与原土层接触良好。接地模块应集中引线,用干线把模块接地并联焊接成一个环路,干线的材质与接地模块焊接点的材质应相同,钢制的采用热浸镀锌扁钢,引出线不少于两处。

(10)建筑物等电位联结

建筑物等电位联结作为一种安全措施多用于高层建筑和综合建筑中。

建筑物等电位联结干线应从与接地装置有不少于2处直接连接的接地干线或总等电位箱引出,等电位联结干线或局部等电位箱间的连结线形成环形网路,环形网路应就近于等电位联结干线或局部等电位箱连接。支线间不应串联连接。

等电位联结的线路最小允许截面面积为:铜干线 16 mm^2,铜支线 6 mm^2;钢干线 50 mm^2,钢支线 16 mm^2。

5.3 建筑电气系统图识读及 BIM 建模

5.3.1 建筑电气系统图识读

1. 建筑电气施工图的一般规定

(1)建筑电气配管、配线等敷设的表示方法

建筑电气配管、配线等敷设的表示方法见表 5-17~表 5-23。

第5章 建筑电气系统

表5-17 线路敷设部位的文字符号

名称	符号	名称	符号	名称	符号
梁	B	地面	F	墙	W
顶棚	CE	构架	R		
柱	C	吊顶	R		

表5-18 线路敷设方式的文字符号

名称	符号	名称	符号	名称	符号	名称	符号	名称	符号
暗敷	C	金属软管	F	钢索	M	塑料线卡	PL		
明敷	E	水煤气管	G	金属线槽	MR	塑料线槽	PR		
铝皮线卡	AL	钢管	S	电线管	TC				
电缆桥架	CT	瓷绝缘子	K	硬质塑料管	PVC				

表5-19 表达线路敷设部位标注的文字代号

表达内容	标注代号对照	
	英文代号	汉语拼音代号
沿钢索敷设	SR	S
沿屋架或屋架下弦敷设	BE	LM
沿柱敷设	CLE	ZM
沿墙敷设	WE	QM
沿天棚敷设	CE	PM
在能进人的吊顶内敷设	ACE	PNM
暗敷在梁内	BC	LA
暗敷在柱内	CLC	ZA
暗敷在屋面内或顶板内	CC	P+A
暗敷在地面内或地板内	FC	DA
暗敷在不能进人的吊顶内	AC	PNA
暗敷在墙内	WC	QA

表5-20 表达线路敷设方式标注的文字代号

表达内容	标注代号对照	
	英文代号	汉语拼音代号
用塑制线槽敷设	PR	xc

续表 5-20

表达内容	标注代号对照	
	英文代号	汉语拼音代号
用硬质塑制管敷设	PC	VG
用半硬塑制管敷设	FEC	ZVG
用电线管敷设	TC	DG
用水煤气钢管敷设	SC	G
用金属线槽敷设	SR	GC
用电缆桥架(或托盘)敷设	CT	
用瓷夹敷设	PL	CJ
用塑制夹敷设	PCL	VT
用蛇皮管敷设	CP	
用瓷瓶式或瓷柱式绝缘子敷设	K	CP

表 5-21 照明灯具安装方式标注的文字符号

表达内容	标注代号对照	
	英文代号	汉语拼音代号
线吊式	CP	
自在器线吊式	CP	X
固定线吊式	CP1	XI
防水线吊式	CP2	X2
吊线器式	CP3	X3
链吊式	Ch	L
管吊式	P	G
吸顶式或直附式	S	D
嵌入式(嵌入不可进人的顶棚)	R	R
顶棚内安装(嵌入可进人的顶棚)	CR	DR
墙壁内安装	WR	BR
台上安装	T	T
支架上安装	SP	J
壁装式	W	B
柱上安装	CL	Z
座装	HM	ZH

第5章 建筑电气系统

表 5-22 在工程平面图中标注的各种符号与代表名称

标注照明变压器规格的格式	在电话交接箱上标写的格式	标注相序的代号
$\dfrac{b}{a}-c$ a——一次电压,V; b—二次电压,V; C—额定容量,VA; PG—配电干线; LG—电力干线; MG—照明干线; PFG—配电分干线; LFG—电力分干线; MFG—照明分干线; KZ—控制线;	$\dfrac{a-b}{c}-d$ a—编号; b—型号; c—线序; d—用户数 P0—设备容量,kw; Pls—计算负荷,kW; liX—计算电流,A; lx—额定电流,A; Kx—需要系数; ΔU%—电压损失; Cosφ—功率因数	L1—交流系统电源第一相; L2—交流系统电源第二相; L3—交流系统电源第三相; U—交流系统设备端第一相; V—交流系统设备端第二相; W—交流系统设备端第三相; N—中性线; a—b(c×d)e—f a—编号; b—型号; c—导线对数; d—导线芯径,mm; e—敷设方式和管径; f—敷设部位

表 5-23 在工程平面图中标注的各种符号与代表名称

在用电设备或电机出线口处标写格式	在电力或照明设备一般的标注方法	在配电线路上的标写格式
$\dfrac{a}{b}$ 或 $\dfrac{a}{b}+\dfrac{c}{d}$ a—设备编号; b—客定功率,kW; c—路线首端熔断片或自动开关释放的电流,A; d—标高,m	$a\dfrac{b}{c}$ 或 $(a-b-c)$ $a\dfrac{b-c}{d(e\times f)-g}$ a—设备编号; b—设备型号; c—设备功率,kW; d—导线型号; e—导线根数; f—导线截面,mm^2; g—导线敷设方式及部位	a—b(c×d)e—f 末端支路只注编号时为: a—回路编号; b—导线型号; c—导线根数; d—导线截面; e—敷设方式及穿管管径; f—敷设部位

(2) 照明灯具的标注形式

照明灯具按以下形式标注:

$$a-b\dfrac{c\times d\times L}{e}f$$

a—灯具数;

b—型号或编号;

c—每盏灯的灯泡数或灯管数;

d—灯泡容量；

e—安装高度,m；

f—安装方式；

L—光源种类。

安装高度：壁灯时,指灯具中心与地距离；吊灯时,为灯具底部距地距离。灯具符号内已标注编号者,不再注明型号。

如在电气照明平面图中标为：

$$2-Y\frac{2\times30}{2.4}G$$

表示有两组荧光灯,每组由 2 根 30W 的灯管组成,采用管吊形式,安装高度为 2.4m。

3. 常用图例

常用电气图例符号见表 5-24。

表 5-24 常用图例

图例	名称	备注	图例	名称	备注
	双绕组变压器	形式1 形式2		断路器	
				三管荧光灯	
				五管荧光灯	
	三绕组变压器	形式1 形式2		壁灯	
				配照型灯	
				防水防尘灯	
	电流互感器	形式1		开关的一般符号	
	脉冲变压器	形式2		单级开关(明装)	
	电压互感器	形式1 形式2		指示式电压表	
				功率因数表	
	屏、台、箱、柜一般符号			双极开关(明装)	
	动力或动力-照明配电箱			双极开关(暗装)	
	照明配电箱(屏)			三级开关(明装)	
	事故照明配电箱(屏)			三级开关(暗装)	
	室内分线盒			单相插座(明装)	
	电源自动切换箱(屏)			单相插座(暗装)	

第 5 章 建筑电气系统

续表 5-24

图例	名称	备注	图例	名称	备注
	隔离开关			密闭（防水）	
	接触器（在非动作位置触点断开）			防爆	
	带保护接点插座			壁龛交接箱	
	两路分配器			分线盒一般符号	
	三路分配器			单级开关（暗装）	
	四路分配器			室外分线盒	
	匹端终配			灯的一般符号	
	传声器一般符号			球形灯	
	扬声器一般符号			天棚灯	
	感烟探测器			花灯	
	感光火灾探测器			弯灯	
	气体火灾探测器			荧光灯	
	感温探测器			带接地插孔的单相插座（暗装）	
	手动火灾报警按钮			密闭（防水）	
	水流指示器			防爆	
	熔断器一般符号			带接地插孔的三相插座	
	熔断器式开关			带接地插孔的三相插座（暗装）	
	熔断器式隔离开关			插座箱（板）	
	避雷器			指示式电流表	
MDF	总配线架				
IDF	中间配线架		wh	电度表（瓦时计）	

续表 5-24

图 例	名 称	备 注	图 例	名 称	备 注
	电信插座的一般符号可用以下的文字或符号区别不同插座： TP—电话 FX—传真 M—传声器 FM—调频 TV—电视			火灾报警电话机（对讲电话机）	
			EEL	应急疏散指示照明灯	
			EL	应急疏散照明灯	
				消火栓	
	单级限时开关			电线、电缆、母线、传输通路等一般符号	
	调光器		///	三根导线	
	钥匙开关		3	三根导线	
	电铃		n	n根导线	
	天线一般符号			接地装置 (1)有接地极 (2)无接地极	
	放大器的一般符号		F	电话线路	
			V	视频线路	
	火灾报警探测器		B	广播线路	

2. 建筑电气施工图的组成

建筑电气施工图包括电气照明施工图、动力配电施工图和弱电系统施工图等几种。

（1）设计说明

设计说明用于说明电气工程的概况和设计的意图，用于表达图形、符号难以表达清楚的设计内容，要求内容简单明了、通俗易懂，语言不能有歧义。其主要内容包括供电方式、电压等级、主要线路敷设、防雷、接地及图中不能表达的各种电气安装高度、工程主要技术验收数据、施工验收要求以及有关事项等。

（2）材料设备表

在材料设备表中会列出电气工程所需的主要设备、管材、导线、开关、插座等名称、型号、规格、数量等。设备材料表上所列主要材料的数量，由于与工程量的计算方法和要求不同，不能作为工程量编制预算依据，只能作为参考数量。

（3）配电系统图

配电系统图是整个建筑配电系统的原理图，一般不按比例绘制。其主要内容包括以下几项。

1) 配电系统和设施在楼层的分布情况。
2) 整个配电系统的联结方式,从主干线至各分支回路数。
3) 主要变、配电设备的名称、型号、规格及数量。
4) 主干线路及主要分支线路的敷设方式、型号、规格。

(4) 电气平面图

电气平面图分为变、配电平面图、动力平面图、照明平面图、弱电平面图、室外工程平面图及防雷、接地平面图等。其主要内容包括以下几项。

1) 建筑物平面布置、轴线分布、尺寸及图样比例。
2) 各种变、配电设备的型号、名称、各种用电设备的名称、型号以及在平面图上的位置。
3) 各种配电线路的起点、敷设方式、型号、规格、根数以及在建筑物中的走向、平面和垂直位置。
4) 建筑物和电气设备的防雷、接地的安装方式及在平面图中的位置。
5) 控制原理图。根据控制电器的工作原理,按规定的线路和图形符号制成的电路展开图。

(5) 详　图

1) 电气工程详图。电气工程详图指对局部节点需放大比例才能反映清楚的图。如柜、盘的布置图和某些电气部件的安装大样图,对安装部件的各部位注有详细尺寸,一般是在上述图表达不清,又没有标准图可选用,并有特殊要求的情况下才绘制的图。

2) 标准图。标准图分为省标图和国标图两种。它是具有强制性和通用性的详图,用于表示一组设备或部件的具体图形和详细尺寸,便于制作安装。

3. 建筑电气施工图的识读

(1) 电气施工图的识图方法

电气施工图也是一种图形语言,只有读懂电气施工图,才能对整个电气工程有一个全面的了解,以便在施工安装中能全面计划、有条不紊地进行施工,以确保工程按计划圆满完成。

为了读懂电气施工图,应掌握以下要领。

1) 熟悉图例符号,搞清图例符号所代表的内容。常用电气设备工程图例及文字符号可参见国家颁布的现行《电气图形符号标准》(GB/T 4728—2022)。

2) 应结合电气施工图、电气标准图和相关资料一起反复对照阅读,尤其要读懂配电系统图和电气平面图。只有这样才能了解设计意图和工程全貌。阅读时,首先应阅读设计说明,以了解设计意图和施工要求等;然后阅读配电系统图,以初步了解工程全貌;再阅读电气平面图,以了解电气工程的全貌和局部细节;最后阅读电气工程详图、加工图及主要材料设备表等,弄清各个部分内容。

读图时，一般按"进线—变、配电所—开关柜、配电屏—各配电线路—车间或住宅配电箱（盘）—室内干线—支线及各路用电设备"这个顺序来阅读。

在阅读过程中应弄清每条线路的根数、导线截面、敷设方式、各电气设备的安装位置以及预埋件位置等。

3）熟悉施工程序，对阅读施工图很有好处。如室内配线的施工程序如下。

① 根据电气施工图确定电气设备安装位置、导线敷设方式、导线敷设路径及导线穿墙过楼板的位置。

② 结合土建施工将各种预埋件、线管、接线盒、保护管、开关箱、电表箱等埋设在指定位置（暗敷时）；或在抹灰前，预埋好各种预埋件、支持管件、保护管等（明敷时）。

③ 装设绝缘支持物、线夹等，敷设导线。

④ 安装灯具及电气设备。

⑤ 测试导线绝缘、自查及试通电。

⑥ 施工验收。

4. 电气专业图纸解析

门诊楼电气图纸从电施 01～电施 19 共计 17 张图纸，对应图纸内容见图纸目录，如图 5-43 所示。在电气专业建模中主要关注以下图纸信息。

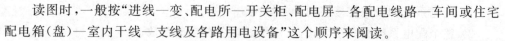

图 5-43 门诊楼电施图纸目录　　　　图 5-44 电气设备安装图例

(1) 电施 01

1) 关注设备的安装方式。

2)关注图例表以及表中电气设备图例所对应的名称以及设备安装高度,其中包括开关插座等电位的安装高度,灯具安装为吸顶安装,也就是安装在天花板上,如图 5-44 所示。

3)关注配电箱尺寸及安装高度,如图 5-45 所示。

4.3　各层照明配电箱,除竖井内明装外,其它均为暗装,安装高度均为底边距地1.8m。
应急照明箱箱体应作防火处理(刷防火漆)。
4.4　控制箱在竖井内明装,挂墙安装高度 底边距地1.5m;电表箱选双开门箱型,底边距地1.4m。预分支电缆始端箱底边距地0.5m。

图 5-45　配电箱尺寸及安装高度要求

(2)电施04、电施05
1)关注医护对讲系统组成和图例,如图 5-46 所示。
2)关注火灾自动报警系统组成和图例,如图 5-47 所示。
(3)电施07至电施19平面图
关注平面图中的桥架和线槽信息,本项目设有电缆桥架的系统是配电系统、弱电系统、医护对讲系统,分别是强电桥架、弱电桥架、医护对讲桥架。除了屋顶配电系统采用的是"玻璃钢桥架",其他均采用"防火桥架"。
①电施07、电施08、电施09:关注每层强电桥架桥架尺寸、位置及安装标高。
②电施12、电施13:关注每层弱电桥架尺寸、位置及安装标高。
电施14:关注每层医护对讲桥架尺寸、位置及安装标高。

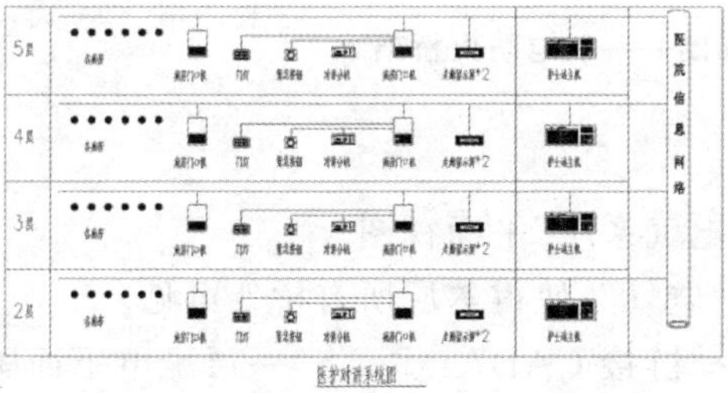

图 5-46　医护对讲系统组成和图例　　图 5-47　火灾自动报警系统组成和图例

5.3.2　电缆桥架 BIM 建模

【任务说明】在 Revit 软件中打开"门诊楼项目机电模型中心文件"项目文件,根据提供的门诊楼电气图中的电气施工图纸完成电缆桥架模型的创建。

【任务目标】
① 学习使用"链接CAD"命令链接CAD图纸。
② 学习使用"可见性/图形替换"命令设置导入CAD图纸的可见性。
③ 学习使用"电缆桥架"命令绘制电缆桥架。
④ 学习使用"剪贴板复制命令"复制桥架。

【任务分析】
根据图纸解析可知,本项目平面图中的桥架和线槽信息,本项目设有电缆桥架的系统是配电系统、弱电系统、医护对讲系统,分别是强电桥架、弱电桥架、医护对讲桥架。如图5-48所示为一层配电平面图,设计有强电防火桥架;如图5-49所示为一层弱电平面图,设计有弱电防火桥架。根据电施-7可知强电桥架尺寸、位置及安装标高,根据电施12可知弱电桥架尺寸、位置及安装标高。

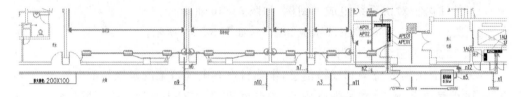

图5-48 一层配电平面图——强电防火桥架

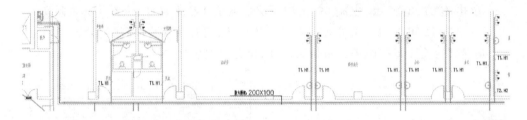

图5-49 一层弱电平面图——弱电防火桥架

1. 连接一层配电平面图

(1) 在"项目浏览器"窗口中打开"一层电气系统"平面视图。
(2) 设置视图范围,设置当前工作集为"电气";使得本层所有桥架可见。
(3) 单击"插入"选项卡→"链接"面板→"链接CAD"工具,将"一层配电平面图"连接到"一层电气系统"平面视图中。
(4) 对齐CAD图纸轴网与项目轴网,并锁定。

2. 绘制一层楼强电防火桥架

(1) 选择命令:单击"系统"选项卡→"电气"面板→ "电缆桥架",如图5-50所示。
(2) 设置电缆桥架属性。
1) 在"属性"窗口的"类型选择器"中,选择电缆桥架类型"强电防火桥架",如

图 5-51 所示；

2）底部对齐方式选择"底对齐"；

3）"放置工具"面板上去掉"自动连接"，如图 5-52 所示；

4）在选项栏上，指定宽度、高度、偏移量。

图 5-50 选择电缆桥架

图 5-51 选择电缆桥架类型

图 5-52 选择放置工具去掉"自动选择"

【注意】注意去掉自动连接，因为桥架不分系统，如不去掉，不同类型桥架会交叉连接；对齐方式的选择。

① 水平对正。使用电缆桥架的中心、左侧或右侧作为参照，水平对齐电缆桥架剖面的各条边。

② 水平偏移。指定在绘图区域中的鼠标单击位置与电缆桥架绘制位置之间的偏移。如果要在视图中距另一构件固定距离的地方放置电缆桥架，则该选项非常有用。

③ 垂直对正。使用电缆桥架的中部、底部或顶部作为参照，垂直对齐电缆桥架剖面的各条边。

步骤 3 执行绘制桥架命令：按照桥架路线绘制桥架，如图 5-53 所示；

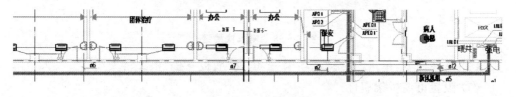

图 5-53 绘制桥架

（4）使用延伸命令生成三通。

1）单击"修改"→选项卡"修改"面板→（修剪/延伸单一图元），如图 5-54 所示；

2）选择桥架边界，如图 5-55 所示；

3）选择要延伸的桥架，生成三通如图所示，如图 5-56 所示；

4）查看三维视图效果如图 5-57 所示。

3．绘制一层弱电桥架

（1）通过"插入"选项卡"链接"面板中的"链接 CAD"工具，将"一层弱电平面图"

链接到"一层电气系统"平面视图中。

 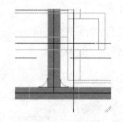 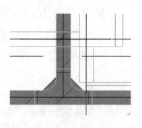

图 5-54　修改选项卡　　　图 5-55　选择桥架边界　　　图 5-56　生成三通

图 5-57　查看三维效果图

（2）对齐 CAD 图纸轴网与项目轴网，并锁定。

（3）输入"VV"快捷键，在弹出的窗口中单击"导入的类别"页签，去掉"一层配电平面图"可见性，单击"确定"，如图 5-58 所示。

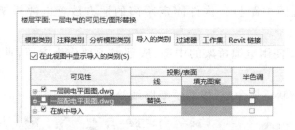

图 5-58　输入快捷键

（4）选择命令：单击"系统"选项卡→"电气"面板→"电缆桥架"。

（5）设置电缆桥架属性。

1）在"属性"窗口的"类型选择器"中，选择电缆桥架类型"弱电防火桥架"。

2）底部对齐方式选择"底对齐"；

3）"放置工具"面板上去掉"自动连接"；

4）在选项栏上，指定宽度、高度、偏移量。

步骤 5 执行绘制桥架命令：按照桥架路线绘制桥架，如图 5-59 所示；

4. 绘制二～五层楼桥架

根据电施 08、电施 13、电施 14 可知，二～五层楼桥架布置一致，因此，只需绘制二层楼桥架模型，然后复制到三～五层。

（1）定位到"二层电气平面"，参考上述步骤完成二层楼桥架绘制，桥架底部标高

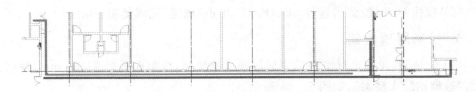

图 5-59　按桥架路线绘制桥梁

2 500 mm,如图 5-60 所示。

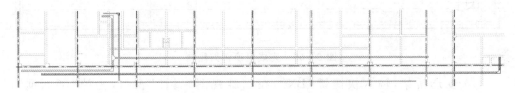

图 5-60　完成二层电气平面桥架绘制

(2) 从左往右框选所有桥架,如图 5-61 所示。

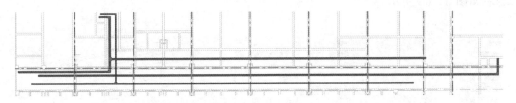

图 5-61　框选所有桥架

(3) 单击"修改"选项卡→"剪贴板"面板→(粘贴)命令,如图 5-62 所示。

图 5-62　修改剪贴　　　　图 5-63　修改下拉列类

 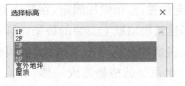

图 5-64　完成复制

(4) 单击"修改"选项卡→"剪贴板"面板→"粘贴"下拉列表→ (与选定的标高对齐)命令,如图 5-63 所示。

(5) 按住 Ctrl 键,依次选择 3F、4F、5F,单击"确定"完成复制,如图 5-64 所示。

5. 绘制屋顶桥架

(1) 定位到"屋顶电气平面",完成屋顶桥架绘制,桥架底部标高 300 mm,桥架类型为"玻璃钢防火桥架",如图 5-65 所示。

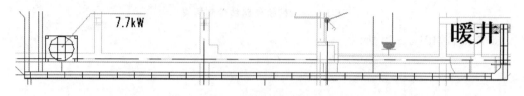

图 5-65　完成屋顶桥架绘制

(2) 款选桥架,输入快捷键"BX",在三维视图"属性"窗口,去掉"剖面框",如图 5-66 所示。

(3) 在三维视图"属性"窗口,设置"视图样板"为"电气平面",如图 5-67 所示,结果如图 5-68 所示。

图 5-66　去掉"剖面框"　　图 5-67　打开属性窗口　　图 5-68　设置电气平面

(4) 上述 Revit 软件绘制桥架的操作步骤主要分为四步。第一步,进入对应楼层平面;第二步,链接 CAD 图纸并锁定对齐;第三步,创建一层楼各类型桥架;第四步,创建标准层电缆桥架;第五步,复制标准层电缆桥架。

【业务扩展】桥架绘制方法较为简单,根据图纸可找到桥架的高度、宽度、敷设高度以及系统信息,将图纸链接后可沿路径绘制模型。施工现场桥架安装前,必须与各专业协调,避免与大口径消防管、喷淋管、冷热水管、排水管及空调、排风设备发生矛盾。将桥架安装到预定位置,采用螺栓固定,在转弯处需仔细校核尺寸,桥架宜与建筑物坡度一致,在圆弧形建筑物墙壁上安装的桥架,其圆弧宜与建筑物一致。桥架与桥架之间用连接板连接,连接螺栓采用半圆头螺栓,半圆头在桥架内侧。桥架之间缝隙须达到设计要求,确保一个系统的桥架连成一体。

参考文献

[1] 尹六寓,庄中霞,刘德全,等. 建筑设备安装识图与施工工艺[M]. 郑州:黄河水利出版社,2018.
[2] 周业梅,张艳梅,姚习红,等. 建筑设备识图与安装工艺[M]. 北京:北京大学出版社,2015.
[3] 徐平平,郭卫琳,徐红梅,等. 建筑设备安装[M]. 北京:高等教育出版社,2014.
[4] 张杭丽,吴霄翔,刘霏霏,等. BIM安装建模[M]. 北京:北京航空航天大学出版社,2021.
[5] 刘方亮,徐智. 建筑设备[M]. 北京:北京理工大学出版社,2016.
[6] 黄亚斌,王艳敏. 建筑设备BIM技术应用[M]. 北京:中国建筑工业出版社,2019.